爱上劳动

——创意食品雕刻

许建华 ◎ 著

图书在版编目（CIP）数据

爱上劳动：创意食品雕刻 / 许建华著. — 哈尔滨 : 哈尔滨出版社, 2021.4
ISBN 978-7-5484-5990-3

Ⅰ. ①爱… Ⅱ. ①许… Ⅲ. ①食品雕刻 Ⅳ. ① TS972.114

中国版本图书馆 CIP 数据核字 (2021) 第 070397 号

书　　名：爱上劳动：创意食品雕刻
AISHANG LAODONG: CHUANGYI SHIPIN DIAOKE

作　　者：许建华　著
责任编辑：赵　芳　王　婷
责任审校：李　战
封面设计：树上微出版

出版发行：哈尔滨出版社（Harbin Publishing House）
社　　址：哈尔滨市香坊区泰山路 82-9 号　　邮编：150090
经　　销：全国新华书店
印　　刷：武汉市金港彩印有限公司
网　　址：www.hrbcbs.com　　www.mifengniao.com
E-mail：hrbcbs@yeah.net
编辑版权热线：（0451）87900271　87900272
销售热线：（0451）87900202　87900203

开　　本：787mm×1092mm　1/16　印张：6.5　字数：122 千字
版　　次：2021 年 4 月第 1 版
印　　次：2021 年 4 月第 1 次印刷
书　　号：ISBN 978-7-5484-5990-3
定　　价：88.00 元

前 言

食品雕刻是一种贴近生活、众人喜爱的创意劳动。它与食品烹饪相互融合，见证了我国饮食文化的传承与发展。不同颜色的蔬果合理搭配、不同造型的创意表达，蕴含着美好的含义，给人以美的心灵感受。“食品雕刻”这项技术与艺术的混合体，不仅可以提升学习者的劳动素养，而且能让学习者在劳动中感受劳动创造美，感悟劳动的艰辛与创作的乐趣。

在上海地区，食品雕刻项目在劳动技术课程中有所体现，上海科技教育出版社六年级《劳动技术》、上海教育出版社七年级《劳动技术》教材中均有食品雕刻教学内容。劳动技术课程是上海市中小学生的必修课程，是落实劳动教育的重要课程载体。随着国家对劳动教育的重视，全国范围内都在探索劳动教育落地的载体与项目，各个层面都提倡开展家校结合、贴近生活的劳动教育，拓展学生的劳动技能，提升学生的劳动素养。以 2020 年上海市空中课堂教学为例，劳动技术教育教学模块中的“食品烹饪”“食品雕刻”就备受关注，成为通过家校结合开展实践，提高学生生活自理能力，体验劳动创造美好生活的家长支持、学生喜欢的劳动项目。

开发食品雕刻项目教学资源，不仅便于大众学习，还便于劳动技术或劳动教师任课教学，能促进学生自主探究与创作，提升学生的审美能力和动手实践能力。除此之外，它还可以作为通识课程，作为教师培训的资料，适合于各学段各学科教师学习实践，提升教师的劳动素养。

著作主要有四大组成部分。前两部分是基本知识与基本技能，后两部分为具体项目载体的操作实践。

1. 基础篇　食品雕刻概述

第一部分“基础篇 食品雕刻概述”中介绍了食品雕刻常见的表现手法；食品雕刻常用的原料及其特点；食品雕刻常用的工具及

其特点；食品雕刻注意事项等。经过此模块学习，学习者将对食品雕刻的基本知识有所了解，为后续实践操作做好准备。

2. 基础篇　食品雕刻技法

第二部分“基础篇 食品雕刻技法”中介绍了食品雕刻常用的刀法；盆饰雕品常用的造型方式；盆饰雕品常用的布局方式；雕刻作品保鲜方式等。经过此模块学习，学习者初步学会雕刻的基本技能如切、削、刻、旋、戳等，对雕刻作品造型、布局、保鲜有所了解，为后续设计制作奠定基础。

3. 主题篇　创意雕刻——动物类

第三部分“主题篇 创意雕刻——动物类”以动物设计制作为载体，通过“番茄雕刻兔子”“青柠雕刻小老鼠”“橙子雕刻小熊”“黄瓜雕刻金鱼”“南瓜雕刻蝴蝶”“黄瓜雕刻蜻蜓”“黄瓜雕刻凤凰”等项目的设计制作，学习者进一步学会正确使用刀法雕刻作品，并在劳动实践中调节身心，体会劳动创造美，感受劳动的艰辛与快乐。

4. 主题篇　创意雕刻——花卉类

第四部分“主题篇 创意雕刻——花卉类”以花卉设计制作为载体，通过“黄瓜雕刻月牙花瓣”“黄瓜雕刻木梳花”“胡萝卜雕刻雏菊”“胡萝卜雕刻创意花”“白菜雕刻菊花”“青菜雕刻创意花”“辣椒雕刻创意花”等项目的设计制作，学习者在巩固技能的基础上，拓宽视野，理解原料选择的多样性及创作的多种可能性，在创作的过程中调节身心，发现美、创造美，感受创作的乐趣。

作者　许建华

CONTENTS 目录

基础篇　食品雕刻概述

食品雕刻，是用萝卜、黄瓜、土豆、番茄、白菜等常用原料雕刻成动物、花卉、物件等造型的一种技艺。它是一种抽象、宽广、有创作空间的技术与艺术的混合体。食品雕刻的作品常用于美化菜肴，不仅能使菜肴颜色更加丰富，凸显菜肴的美味，更能使整个宴席艳丽多姿，给人以美的感受。

- 知识窗 -

食品雕刻是从烹饪技术中发展起来的，是我国饮食文化的重要组成部分。食品雕刻起源于中国，秦朝的“卵雕”可能是我国最早的食品雕刻记录。随着生产工具和烹饪技术的不断发展，唐宋时期食品雕刻在贵族的家宴中流行起来。到了现代，这项技术与艺术的混合体就走进了千家万户，为我们的幸福生活增添了不少美好的色彩。

一、食品雕刻表现方法

食品雕刻利用了原料本身的外形、色泽、特征，以创新的手法加以表现。具体来说有两种表现手法。

1. 简化手法

简化手法即把复杂的外形进行简化，突出关键特征，便于制作。如用樱桃番茄雕刻小兔子，将兔子的外形进行简化，突出它的长耳朵、椭圆身体等特征；再如用橙子雕刻小熊，将小熊的外形进行简化，突出它的圆耳朵、大眼睛、滚圆身体等特征，不仅方便制作，而且节约成本。

2. 夸张手法

夸张手法即把雕刻对象的某一个或多个特征夸大处理，凸显外貌神韵，提升整体形象。如用青柠雕刻小老鼠，采用夸张的手法，突出小老鼠的大耳朵、大眼睛特征，使雕品更具有观赏性；再如用胡萝卜雕刻雏菊，采用夸张的手法，用小号 U 形刀戳出花瓣，更凸显花瓣细长的特征。

说一说

如果想要雕刻螃蟹，你觉得应该抓住螃蟹的哪些特征？应该用什么样的手法来表现？

二、食品雕刻常用原料

食品雕刻的原料广泛多样，应该说市场上常见的蔬菜水果都可以作为雕刻的原料。这里我们给大家介绍一些常用的原料。

1. 胡萝卜

胡萝卜又叫红萝卜，色泽鲜艳，质地较硬，方便易得，容易雕刻与保存，常用于雕刻各种动物、花卉等。一般选择表面光滑、形体圆直均匀、色泽鲜艳的胡萝卜进行雕刻。

2. 白萝卜

白萝卜色泽洁白，质地较脆，水分多，方便易得，但水分容易挥发，容易雕刻但不易保存。常用于雕刻各种动物、花卉等。一般选择表面光滑、形体细长均匀、不龟裂、不空心的白萝卜进行雕刻。

3. 黄瓜

黄瓜皮绿肉白，质地较脆，水分多，方便易得，容易雕刻与保存，常用于雕刻各种动物、花卉等。一般选择新鲜的，瓜皮有光泽、无外伤，瓜体粗直均匀的黄瓜进行雕刻。

4. 南瓜

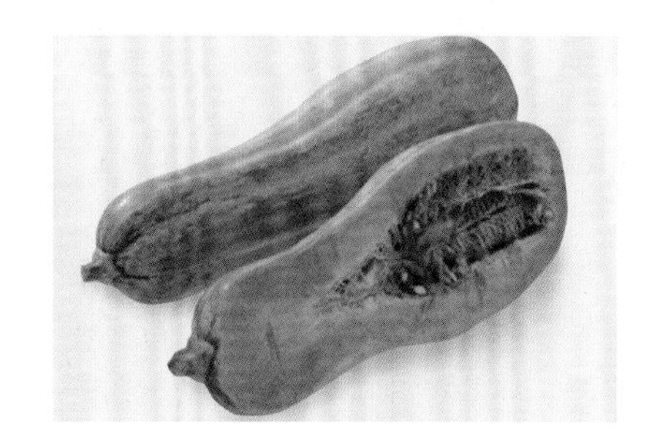

南瓜品种多样，南瓜肉色泽金黄、质地较硬，方便易得，容易雕刻与保存，常用于雕刻各种图案、大型或结构复杂的动物等。一般选择体大肉厚、外表光滑、无疤痕的南瓜进行雕刻。

5. 樱桃番茄

樱桃番茄又叫圣女果、小西红柿，色泽鲜艳，水分多，方便易得，容易雕刻与保存，常用于雕刻小动物。一般选择新鲜的、比较硬、表皮无伤痕的樱桃番茄进行雕刻。

6. 青菜

青菜叶片呈浅绿色或深绿色，叶柄呈白色或浅绿色，质地较脆，方便易得，容易雕刻但不易保存，常用于雕刻花卉。一般选择色泽鲜艳、叶柄宽大、叶片不枯黄的青菜进行雕刻。

7. 白菜

白菜叶片呈白色或浅绿色，叶柄呈白色，质地较脆，方便易得，较易保存，常用于雕刻花卉。一般选择体积较小、层次结构稀松、叶片不枯黄的白菜进行雕刻。

8. 辣椒

辣椒颜色鲜艳丰富，以红色、绿色较为常见。方便易得，保存时应该保持干燥，遇水时间太长容易腐烂，常用于雕刻花卉。一般选择新鲜的、外皮光滑无外伤、色泽鲜艳、较硬较直的辣椒进行雕刻。

9. 心里美萝卜

心里美萝卜又叫红心萝卜，皮青肉红，色泽鲜艳，质地较硬，容易雕刻与保存，常用于雕刻花卉。一般选择体积较小、表面光滑、形体椭圆、不龟裂、不空心的心里美萝卜进行雕刻。

10. 橙子

橙子又叫甜橙，皮黄汁多，色泽鲜艳，方便易得，较易保存，常用于雕刻动物。一般选择表皮孔细密、色泽鲜艳、果体结实的橙子进行雕刻。

11. 苹果

苹果颜色丰富，以红色、绿色较为常见。以红色苹果为例，皮红肉白，质地较脆，方便易得，容易雕刻但不易保存，常用于雕刻动物、花卉等。一般选择表皮光亮无外伤、果体结实饱满、无疤痕的苹果进行雕刻。

12. 草莓

草莓色泽鲜艳，表皮粗糙，质地较软，方便易得，容易雕刻但不易保存，常用于雕刻动物。一般选择蒂头不掉落、表皮无外伤、果体新鲜较硬的草莓进行雕刻。

13．青柠

青柠色泽鲜艳，皮青肉白，皮硬肉软，果汁较多，容易雕刻但不易保存，常用于雕刻动物。一般选择新鲜的、较硬的、表皮光亮无疤痕的青柠进行雕刻。

适用于食品雕刻的原料非常多，色泽鲜艳、有可塑性、质地细密、新鲜的各类瓜果及蔬菜都可以用来雕刻。除此之外，一些具有可塑性的、可直接食用的食品，也可以成为食品雕刻的原料。

食品雕刻原料的选择，关系到雕刻作品的质量。因此，食品雕刻前要根据以下原则选择原料：第一，根据雕刻作品的造型大小选材；第二，根据雕刻作品的造型色泽选材；第三，根据雕刻作品的质地选材。选择合适的原料是雕刻出理想作品的基础。

说一说

除了上面列举的原料，你还知道哪些原料可以用于雕刻？它们有什么特点？参照下面表格说一说。

原料名称	特点	用途
心里美萝卜	皮青肉红，色泽鲜艳	可雕刻牡丹、玫瑰等
樱桃番茄	皮薄肉红，色泽鲜艳	可雕刻兔子、金鱼等
土豆	个大体圆，色泽洁白	可雕刻月季、雏菊等
白菜	叶脆而长，色泽洁白	可雕刻菊花、荷花等
茄子	皮厚肉白，色泽鲜艳	可雕刻企鹅、叶子等

三、食品雕刻常用工具

食品雕刻需要使用专用工具。市场上有多种多样的雕刻工具，常用的有以下几种。

1. 片刀

片刀刀身宽大，较薄，一般用于分割大的原料或原料的前期表皮处理等。以常见的雕刻片刀为例，刀身厚度约为 1.5 毫米，刀面约为 90×180 平方毫米。

2. 平口刀

平口刀刀刃平直锋利，刀背略呈弓形。一般用于切、削、刻、旋等。以常见的平口刀为例，刀身厚度约为 1.5 毫米，长度约为 90 毫米，最宽处约为 20 毫米。

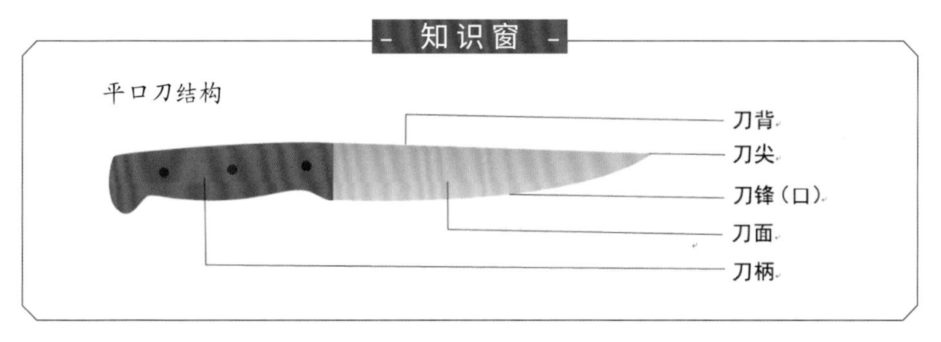

3. V 形刀

V 形刀刀身两端是刀刃，刀刃一头大，一头小，呈 V 形。可雕刻出 V 形，一般用于戳、刻各种细长形花瓣或鸟的羽毛等。以常见的 V 形刀为例，刀身长约 200 毫米，刀刃长 5 ～ 20 毫米，图中呈现的是大、中、小三种型号的 V 形刀。

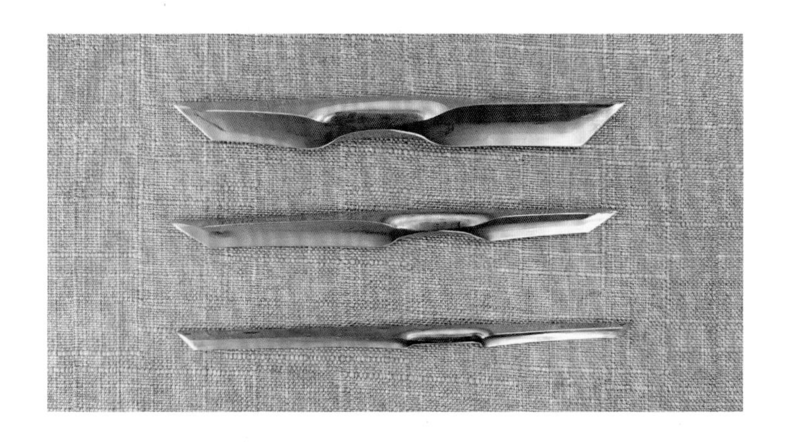

4. U 形刀

U 形刀刀身两端是刀刃，刀刃一头大，一头小，呈 U 形。可雕刻出 U 形，一般用于戳、刻各种细长形花瓣、鸟的羽毛、鱼鳞、圆形眼睛等。以常见的 U 形刀为例，刀身长约 200 毫米，刀刃长 5 ～ 20 毫米，图中呈现的是大、中、小三种型号的 U 形刀。

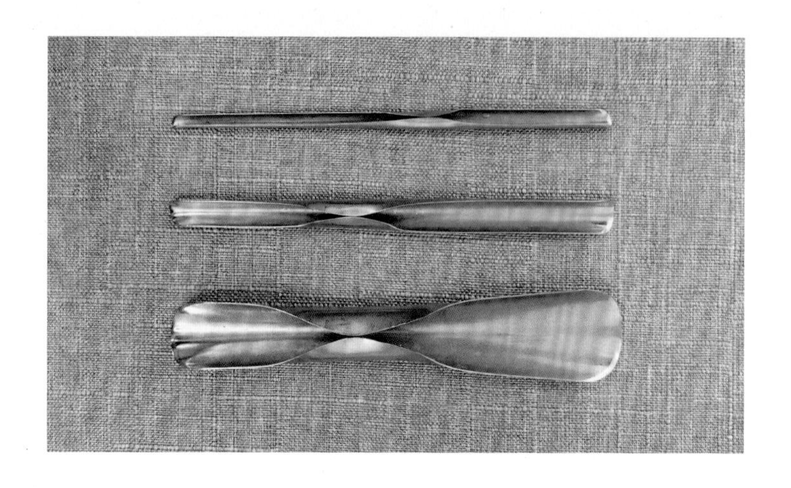

5. 案板

案板又叫菜板、砧板。市场上的案板多种多样，有木质、塑料、不锈钢等多种材质。用于切割、放置原料、造型等。以常见的案板为例，厚约 15 毫米，长约 360 毫米，宽约 250 毫米。

6. 削皮刀

削皮刀又叫刨刀，可方便地刨去一些较硬的果皮或蔬菜皮，如苹果皮、南瓜皮、萝卜皮等。

7. 镊子

镊子是食品雕刻中的辅助工具，常用于夹取一些细小的东西，如芝麻、红豆等。有时为了避免雕刻的作品被手捏坏或污染，也会用镊子夹取摆放。

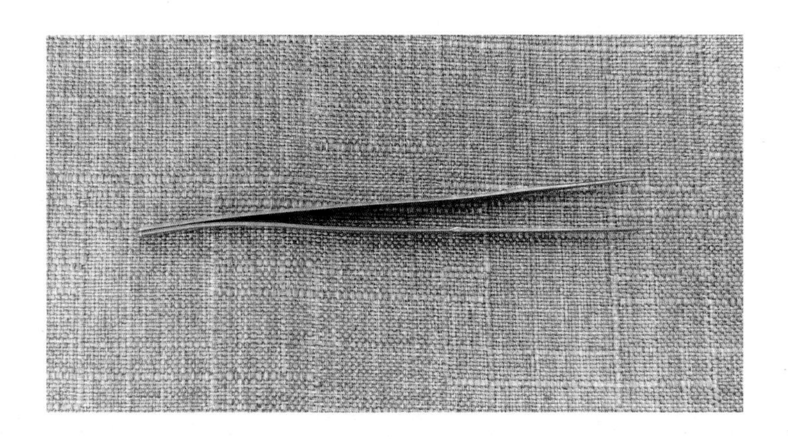

四、食品雕刻注意事项

食品雕刻时需要使用刀具，因此要特别关注安全问题。有的雕刻作品不仅可用于装饰，还可以食用，因而食品安全问题一定要重视。只有遵守操作规范，才能保证操作安全及食品卫生。

1. 安全操作

放置刀具时，要确保放好，防止刀掉落或被遮挡发生意外；传递刀具时要注意不要将刀尖对着人；不要通过用手指碰或划刀刃的方法试探刀具是否锋利；使用刀具时应按照规范动作操作，并且注意力集中，不要用刀具比画、打闹，以免误伤别人或自己。

2. 环保卫生

雕刻前要将所用的原料、工具、盘子等清洗干净，做到卫生。雕刻完成后作品要及时装盘或用规定方法保鲜。要整理好工作台面，保证环境干净整洁。案板要做好晾晒，防止受潮发霉。

3. 节约原料

雕刻剩余的原料中如果有可以用的，可以用来配菜、炒菜，如胡萝卜雕刻剩余的部分可以切丁，用来炒饭。不可以用的，要扔到湿垃圾桶里。有些原料的根茎还可以养殖，成为绿色植物。要充分发挥原料的用途，节约原料，珍惜原料。

本章小结

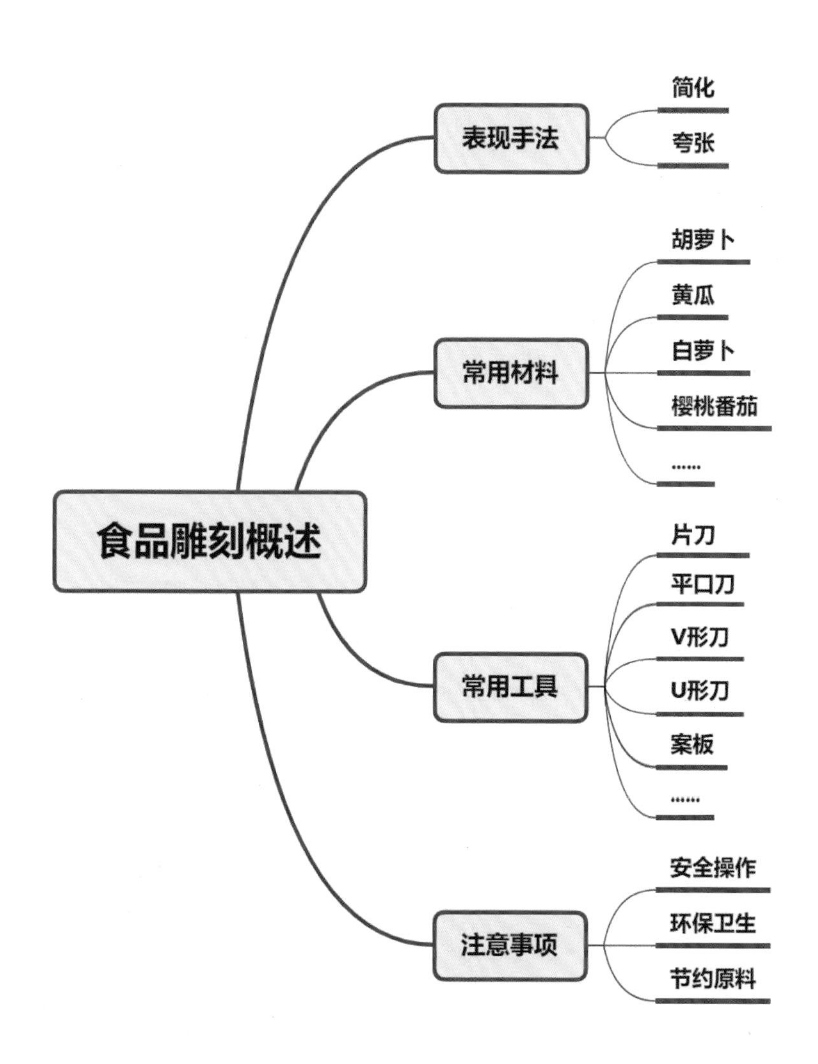
食品雕刻概述
表现手法
简化
夸张
常用材料
胡萝卜
黄瓜
白萝卜
樱桃番茄
……
常用工具
片刀
平口刀
V形刀
U形刀
案板
……
注意事项
安全操作
环保卫生
节约原料

基础篇　食品雕刻技法

一件雕刻作品从无到有，要经历一系列过程。雕刻作品的主题、造型、布局方式、刀法等都需要综合考虑。利用原料固有的色、形、质，采用合适的技法，搭配、排列组合成平面或立体的造型，从而使雕刻作品起到烘托菜肴、渲染氛围的作用。

知识窗

原料成为雕刻作品一般要经历以下过程：构思方案—确定主题—选择原料—选择工具—雕刻成形—保鲜—装盆（盘）。

一、食品雕刻常用刀法

食品雕刻的刀法，即刀具的运刀方法，也就是刀具切削等运动的形式。我们学习其中的切、削、刻、旋、戳五种常用刀法。

1. 切

以直切为例，左手按住坯料，右手四指握紧刀把，拇指贴于刀把内侧，从上往下垂直进刀，从右往左切。一般用于分割原料、切片或切丝等。

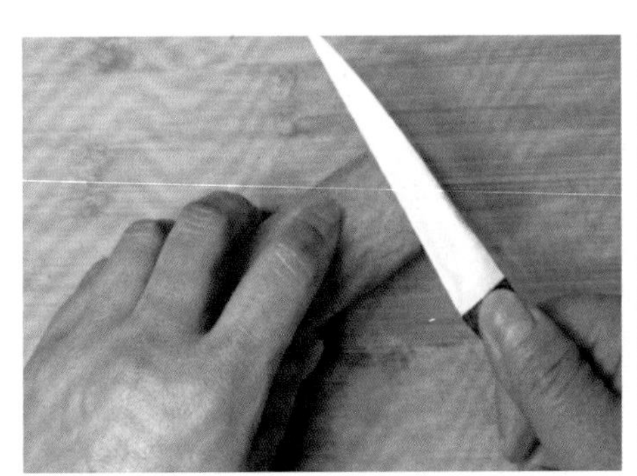

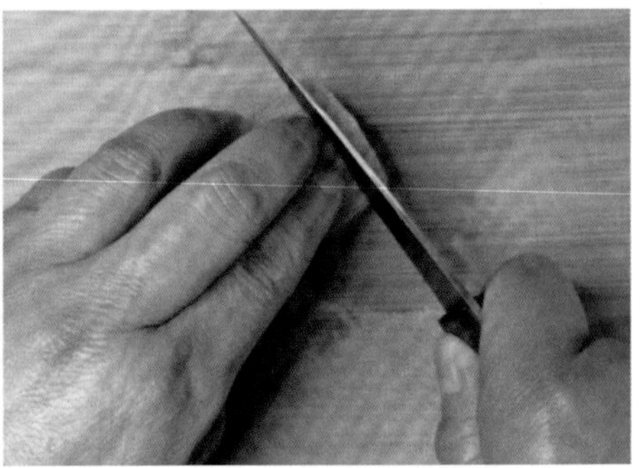

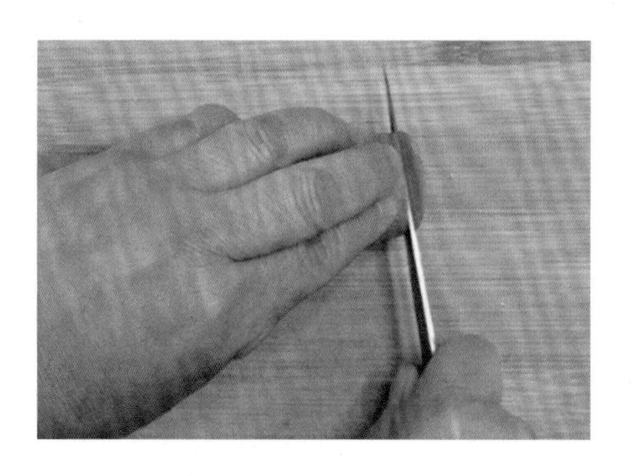

以锯切为例，左手按住坯料，右手四指握住刀把，拇指贴于刀把内侧，用锯子锯物的方法重复用刀。一般用于松软原料的切割或圆弧面的处理等。

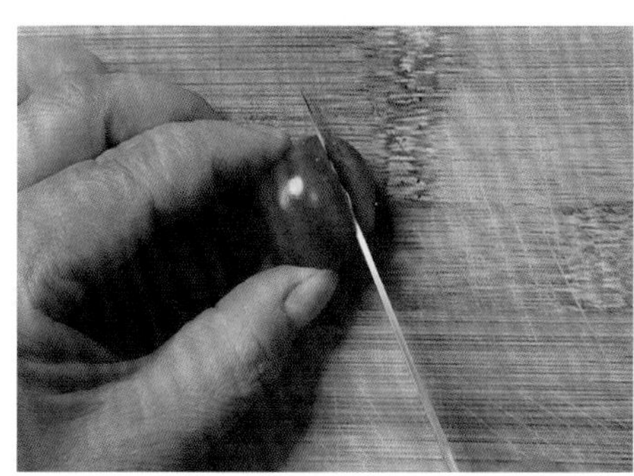

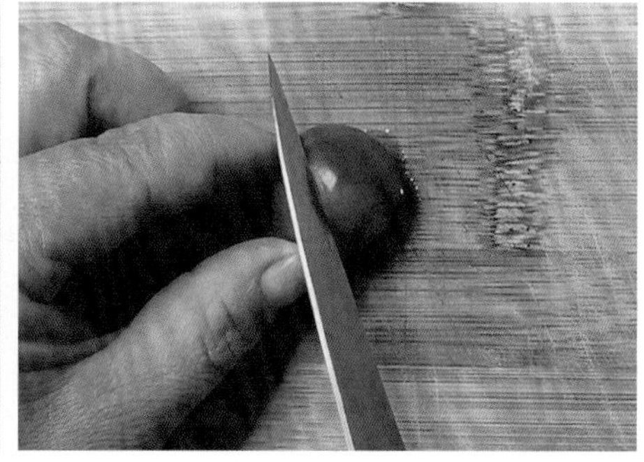

以片切为例，左手轻按坯料，右手四指握住刀把，拇指贴于刀把内侧，刀锋平行于案板进刀，从右往左切。一般用于切薄片。

以划切为例，左手轻按坯料或轻捏坯料，右手四指握住刀把，拇指贴于刀把内侧，

以刀尖作直线切割。一般用于水分较多的原料，如橙子、樱桃番茄等。

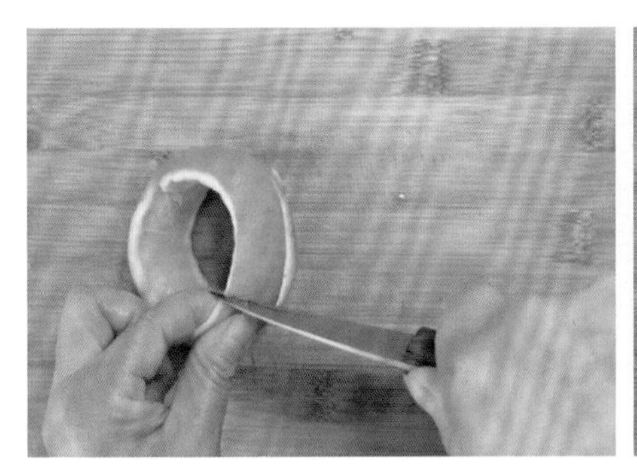
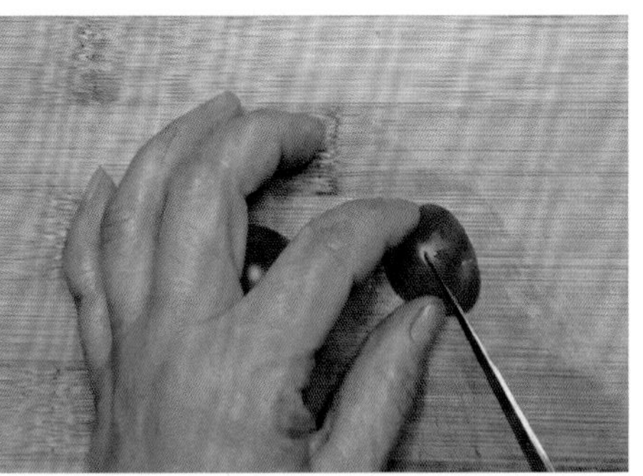

以压切为例，双手握住刀的两端，刀口直下运刀。一般用于切硬的原料。

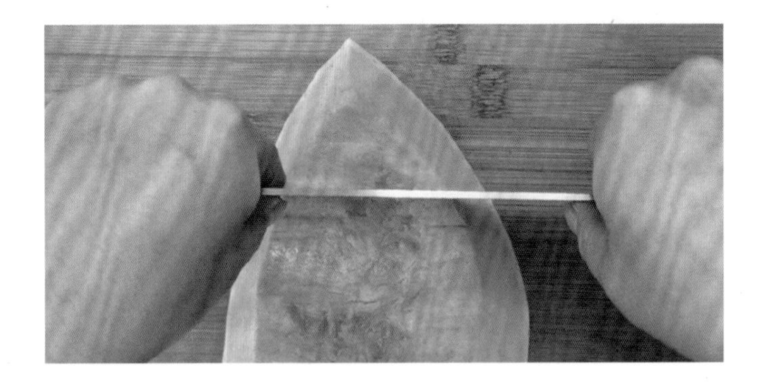

…做一做…

运用切这一刀法将胡萝卜切成厚度约为 1 毫米的薄片。要求薄片截面平而光滑。

2. 削

以旋削为例，左手捏住坯料，按逆时针方向慢慢地转动坯料，右手四指握住刀把慢慢进刀。大拇指控制旋转的速度和进刀的力度。一般用于削皮或将坯料修整成圆形或椭圆形。

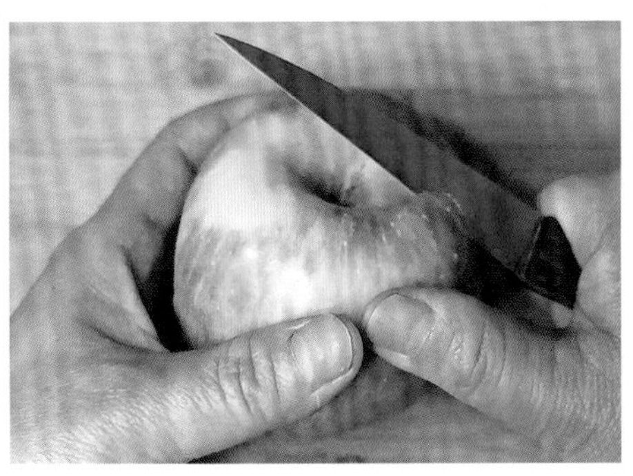

以推削为例，左手捏住坯料，右手四指握住刀把，大拇指贴于刀把内侧或按压刀背，刀口向外向前削。一般用于将原料削去皮或削得平整光滑。

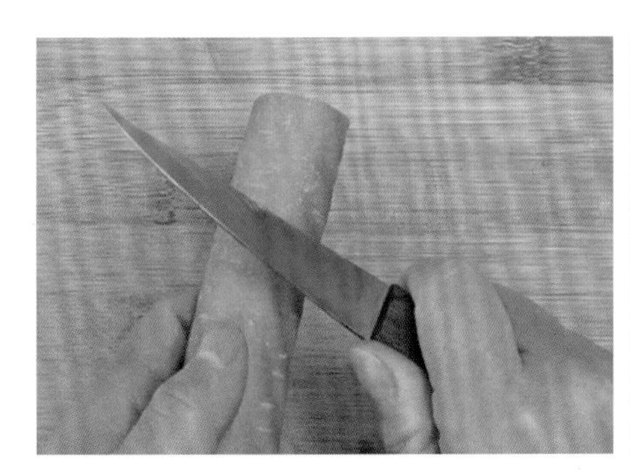
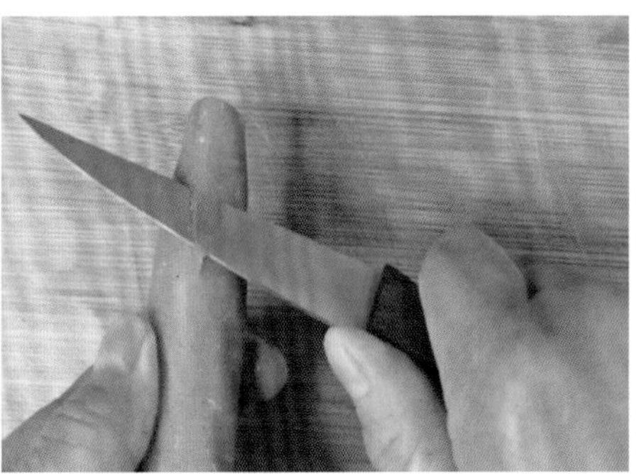

以拉削为例，左手捏住坯料，右手四指握住刀把，大拇指贴于刀把内侧，刀口向内向后削。一般用于将原料削去皮或削得平整光滑。

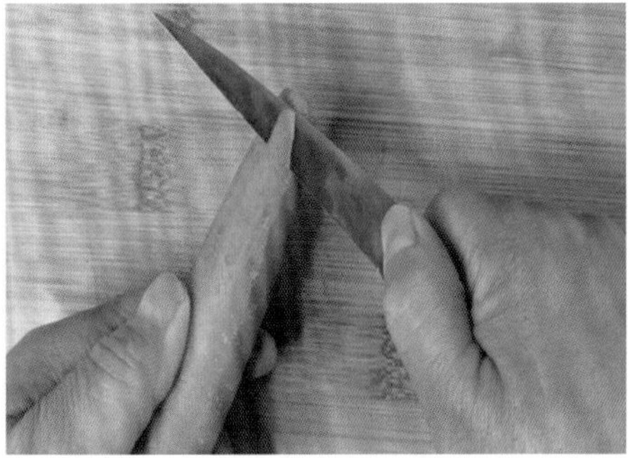

… 做一做 …

运用削这一刀法削去苹果皮。要求削去的苹果皮宽约 10 毫米，厚约 1 毫米。

3. 刻

左手捏紧坯料，右手拇指托住坯料底部，其余四指握住刀把，刀口向下直刻进刀，利用拇指控制进刀的深度，进刀后速度要慢。一般用于雕刻各种花朵。

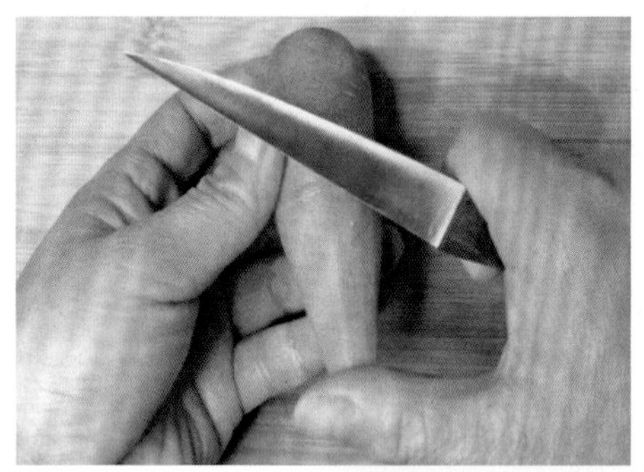

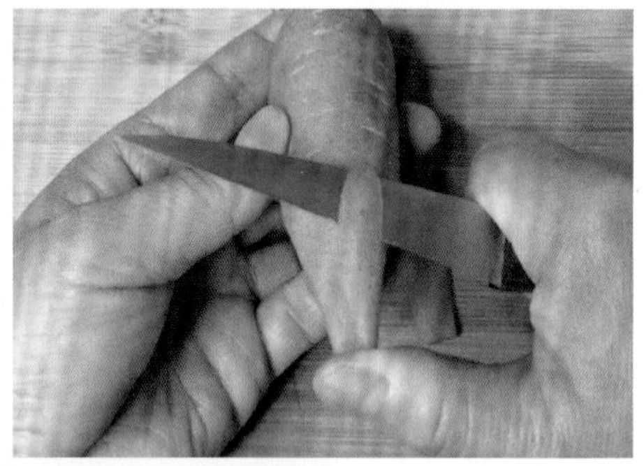

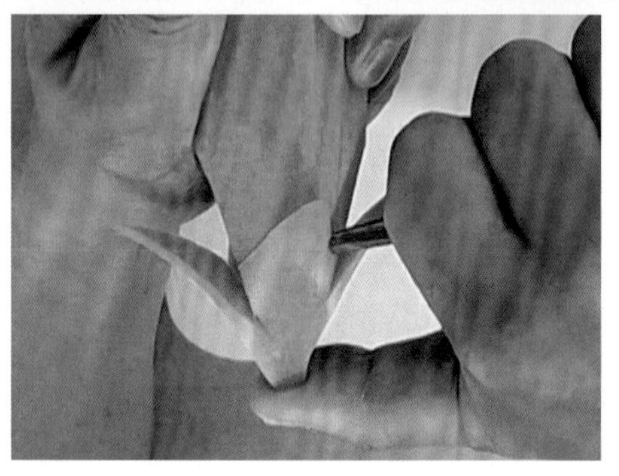

4. 旋

左手捏紧并滚动坯料，右手拇指配合左手滚动坯料，其余四指握住刀把或刀背，刀口倾斜向下，随着拇指转动刻入。一般用于去除废料或旋出一些花瓣弧度大的花朵形状。

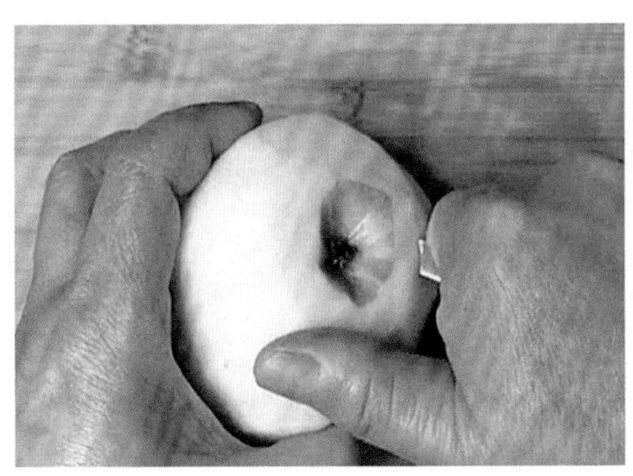

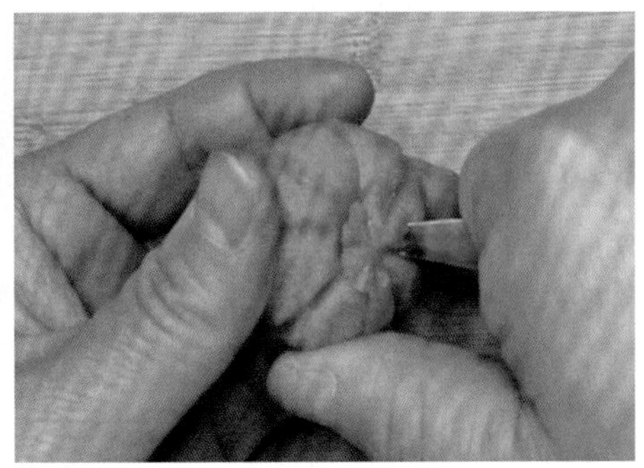

5. 戳

以直戳为例，左手托住原料，右手拇指和食指捏住刀的中下部，右手呈握钢笔姿势，刀口向前或向下，平推或斜推进刀。一般用 V 形刀或 U 形刀操作，用于雕刻一些呈 V 形、U 形或细条形的羽毛、花瓣等。

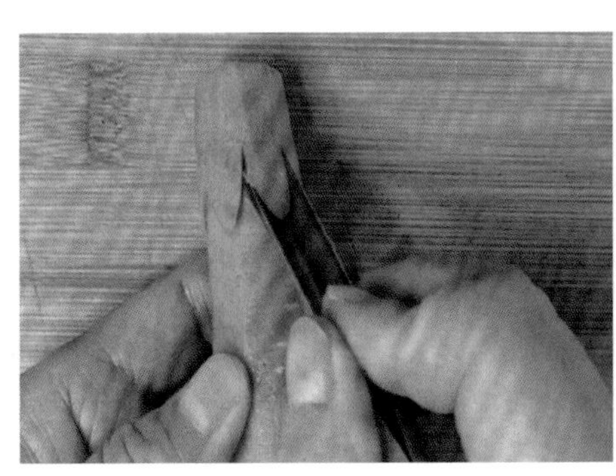

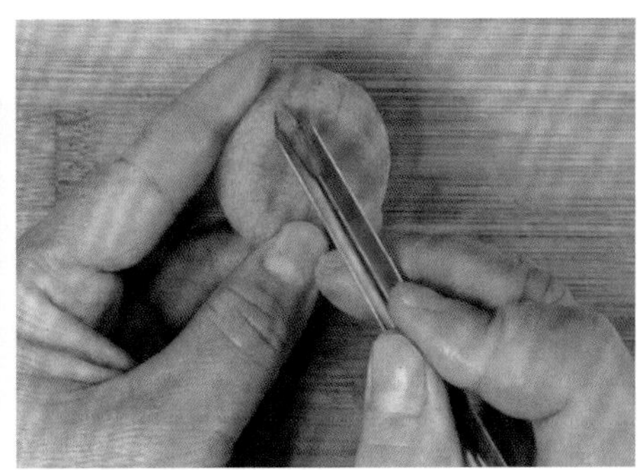

戳的刀法有多种，除了直戳，还有撬刀戳、曲线戳、细条戳等。撬刀戳主要用于雕刻凹状船形花瓣，如梅花、睡莲等。操作时将刀尖对准要刻部位戳入，进刀到一定深度时刀尖慢慢撬起，这样戳刻出的花瓣呈两头翘起的船形形状。曲线戳主要用于雕刻细长而弯曲的花瓣、羽毛等。雕刻时将刀尖对准要戳刻部位，呈“S”形进刀，这样戳刻出的线条就成曲线形。细条戳一般用于雕刻细长条状的鸟类羽毛。操作方法与直戳刀法类似，但雕刻时刀要在上一个羽毛下部偏斜的一半进刀，这样戳刻的羽毛就会成为只有半片大小的细条。

五种基本刀法的用途总结如下。

刀法	用途
切	分割原料成坯体或切片成形等
削	将原料削平整、光滑，或是去皮、削出作品轮廓等
刻	雕刻各种花朵及其他作品
旋	旋出废料或旋出一些花瓣弧度大的花朵，还可以配合其他刀法加工多种雕刻作品
戳	雕刻某些呈V形、U形的花瓣、花蕊和羽毛等

五种刀法都需要左右手配合完成，都需要把控力度、角度与速度。当然由于操作者左右手习惯不同，原料大小不同，操作方法可能存在差异，以握紧原料，安全方便操作为原则。

做一做

按照图示，用胡萝卜制作“小南瓜”。

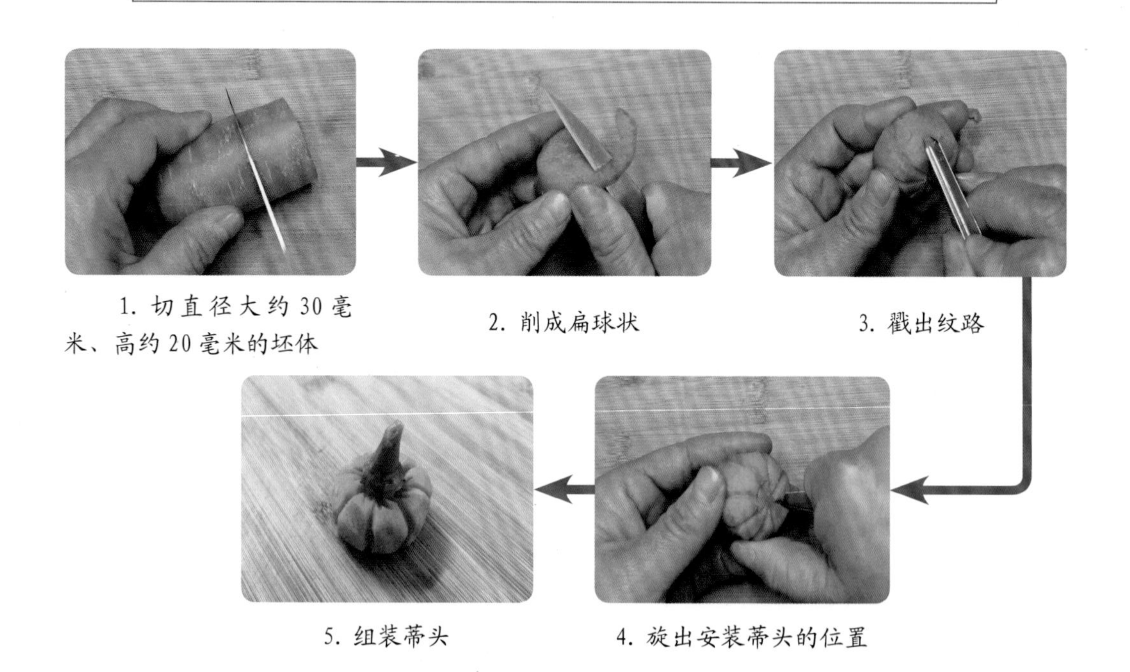

1. 切直径大约30毫米、高约20毫米的坯体

2. 削成扁球状

3. 戳出纹路

4. 旋出安装蒂头的位置

5. 组装蒂头

二、盆饰雕品造型方式

雕刻的作品，简称雕品，常常当作菜肴的盆饰，使菜肴更加丰富饱满，不仅可以美化菜肴，还可融入美好寓意，装饰宴席，增加人的食欲，提高餐饮质量。

盆饰的雕品一般有两种造型方式，即整雕和零雕整装。

整雕就是一件完整的作品由一个原料雕刻而成，没有经历组装的过程。如图所示，月季花由胡萝卜雕刻而成，菊花由白菜雕刻而成。

零雕整装就是一件完整的作品由多种原料雕刻与组装而成，或由一种原料雕刻而成但经历了组装的过程。如图所示，电话机由青萝卜、心里美萝卜、胡萝卜等多种原料雕刻与组装而成。竹子由黄瓜雕刻与组装而成。

三、盆饰雕品布局方式

盆饰雕品的布局方式指雕品在盆子或盘子中摆放的方式。一般有三种方式。

1. 围边布局

围边布局指雕品摆放在盆子或盘子周围，围住菜肴。

2. 对称布局

对称布局指盆子或盘子的一边摆放雕品，一边摆放菜肴，形成对称；或是雕品对称摆放，相互呼应。

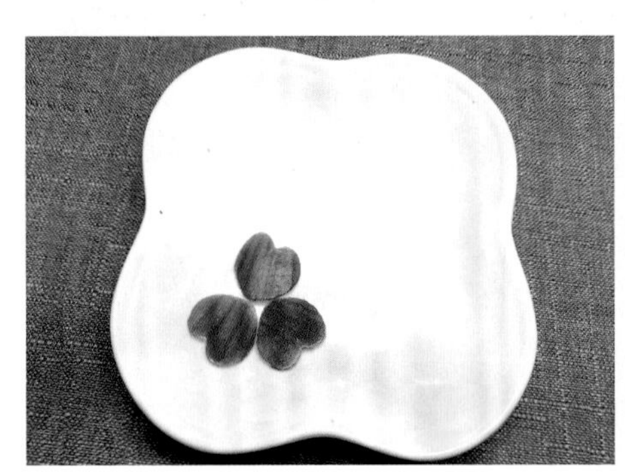
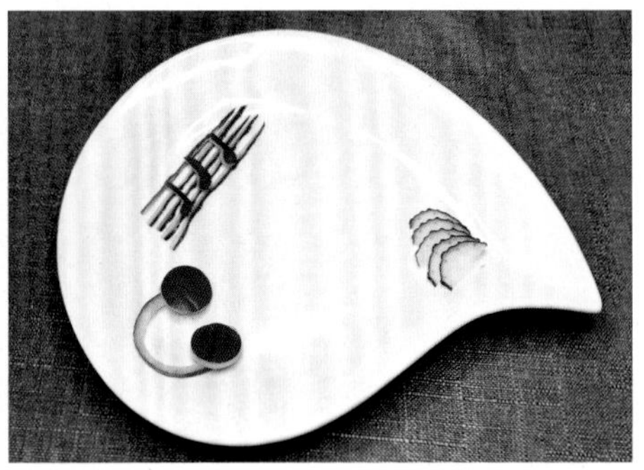

3. 盘心布局

盘心布局指雕品摆放在盆子或盘子中心，菜肴摆放在周围，这种布局方式一般用于大盘，有时盆子或盘子中心摆放了雕品后不再摆放菜肴，而把整个盆饰放在餐桌的中心，烘托整个宴席氛围。

四、雕刻作品保鲜方式

雕刻的作品（雕品）完成后，要及时保鲜，避免氧化或水分挥发而造成腐烂、干枯等现象。常用的保鲜方式有以下两种。

1. 低温保鲜法

低温、缺氧的环境能延缓雕品表面水分的蒸发，减少微生物的污染。可以将雕品用保鲜膜包裹后放入冰箱冷藏，使用时再拿出。

2. 水泡保鲜法

为避免水分挥发，可以将雕品浸泡在水中，防止其变色或干枯。还可以将作品用清水冲洗干净，然后放入 1%的白矾水中浸泡，这种方法能较长时间保持雕品质的新鲜和色彩鲜艳。如果是已经组装摆盘的雕品，可以给雕品喷水，保持湿润，延长展示时间。

本章小结

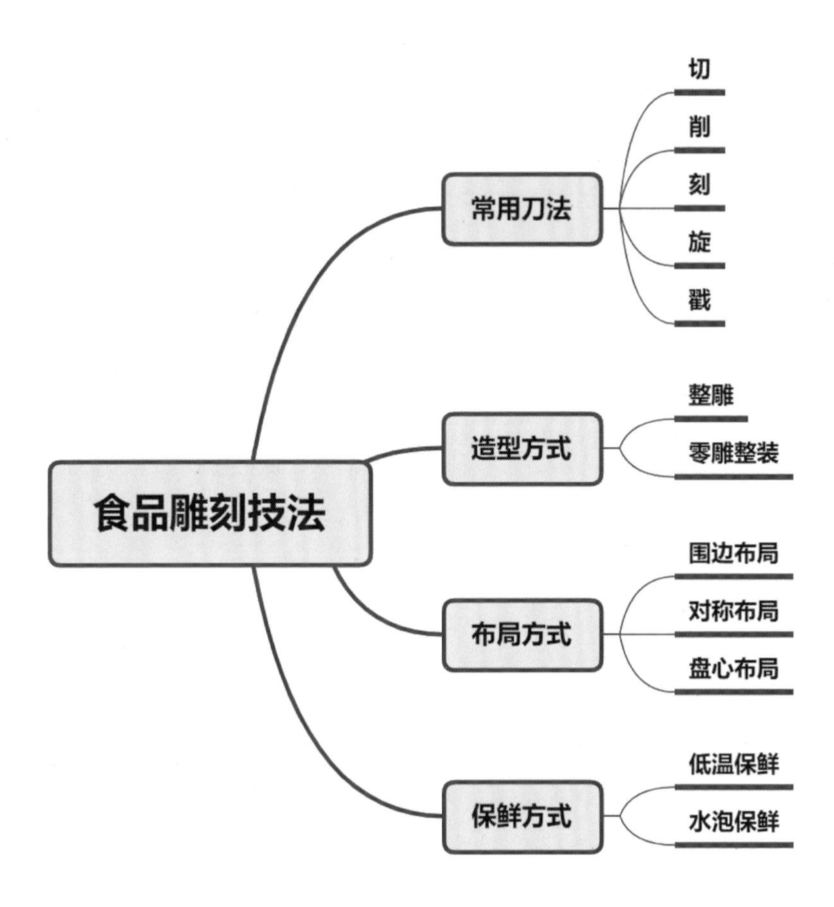
食品雕刻技法
常用刀法
切
削
刻
旋
戳
造型方式
整雕
零雕整装
布局方式
围边布局
对称布局
盘心布局
保鲜方式
低温保鲜
水泡保鲜

主题篇　创意雕刻——动物类

动物，生物的一个种类，能感觉，可自主运动。根据动物学家统计，目前地球上已知的动物有 150 多万种。

食品雕刻动物，就是要抓住动物的主要特征，采用夸张、简化等表现手法，突出动物的形象，从而营造情境，提升用餐过程的价值感。

一些动物代表着美好的事物，有着美好的寓意，常用来装点宴席。如“鱼”，其谐音是“余”“玉”，蕴含着“年年有余”“吉庆有余”“金玉满堂”，带来了吉祥的祝福。如“象”，其谐音是“祥”，代表着“吉祥如意”，又如“马”，蕴含着“马到成功”的寓意……还有些动物，虽然没有寓意，但由于样子或憨厚可爱，或具有灵性，也成了食品雕刻的素材，营造了良好的氛围，带给人美好的感受。

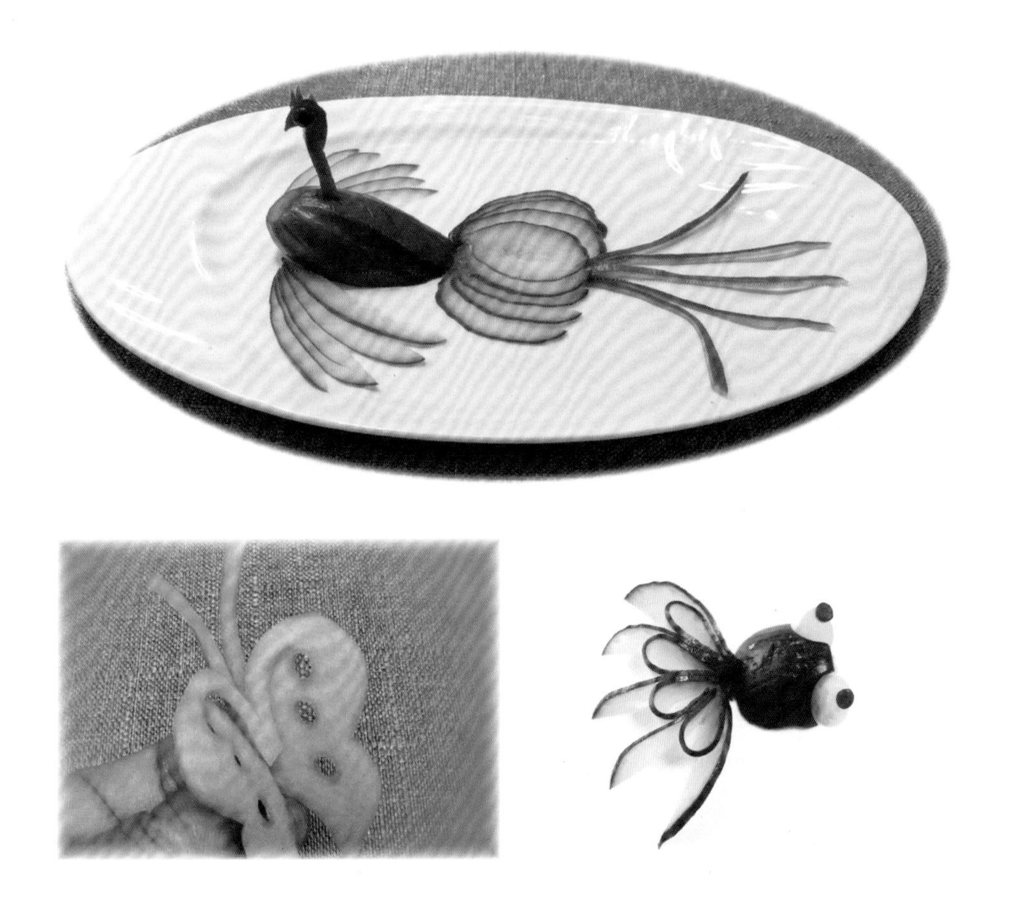

项目 1：番茄雕刻兔子

• 原料与工具

1. 原料：樱桃番茄 5 ～ 10 个、黑芝麻若干

2. 工具：平口刀、案板、镊子

- 知识窗 -

兔子是哺乳类兔形目、草食性脊椎动物、哺乳动物。头部稍微像鼠，上唇中间分裂，是典型的三瓣嘴，耳朵根据品种不同有大有小，呈细长状。兔子性格温顺，惹人喜爱，是很受欢迎的动物。

食品雕刻兔子，就是要抓住兔子的关键特征，即长耳朵、椭圆身体雕刻造型。通常采用夸张的手法表现兔子的长耳朵，采用简化的手法淡化兔子的四肢和尾巴。

• 制作工序

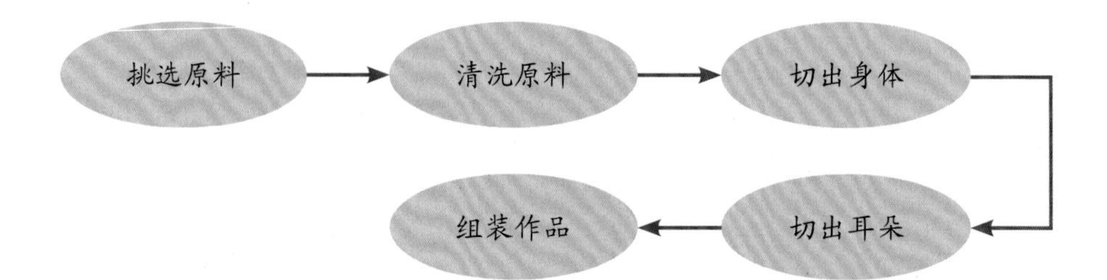

• 制作过程

1. 挑选原料

尽量挑选新鲜的、较硬的、表皮光滑、长度约为 40 毫米的椭圆形樱桃番茄作为原料。

2. 清洗原料

用自来水冲洗干净，用淡盐水浸泡 10 分钟左右，擦干或晾干。

3. 切出身体

①用锯切或划切的方法把樱桃番茄底部切除厚度为 5 ～ 7 毫米的坯体。这样做可以使兔子的身体平稳摆放。

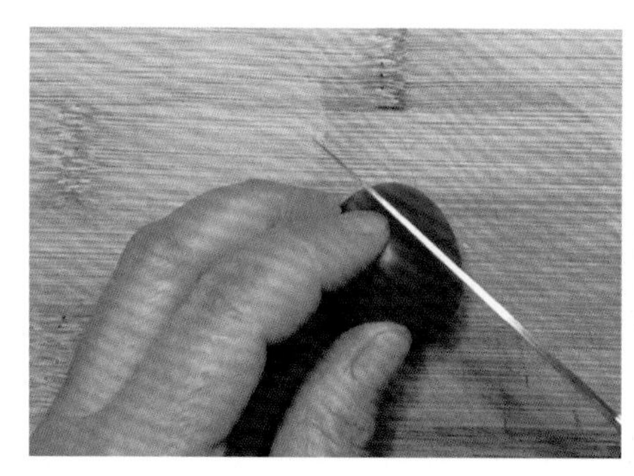
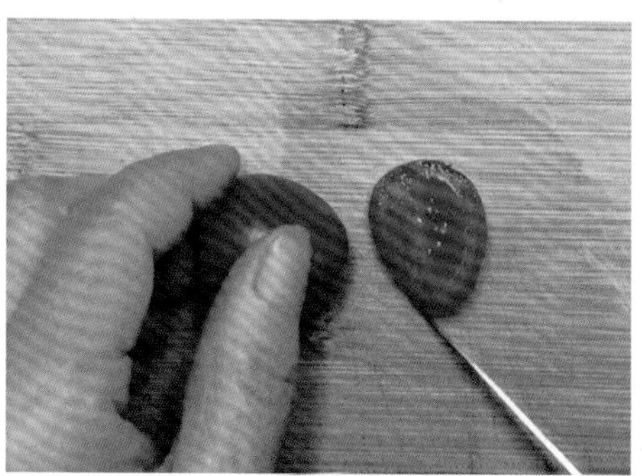

②用锯切或划切的方法在兔子身体中间位置处斜切一刀，刀与案板的角度约为 60 度，深度为 8 ～ 12 毫米。此切口作为兔子耳朵的安装位置。

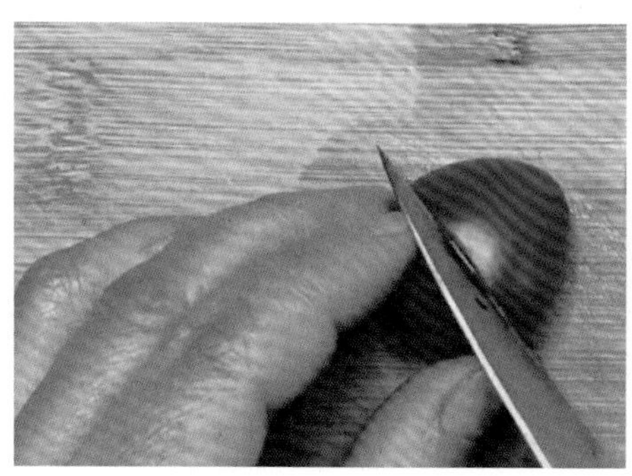

※ 想一想 ※

为什么要用锯切或划切的方法在兔子身体中间位置处斜切一刀？斜切的角度如何确定？

4. 切出耳朵

在刚刚切除的厚度为 5 ～ 7 毫米的坯体上划切两刀，角度为 60 ～ 90 度，形成兔子的耳朵。

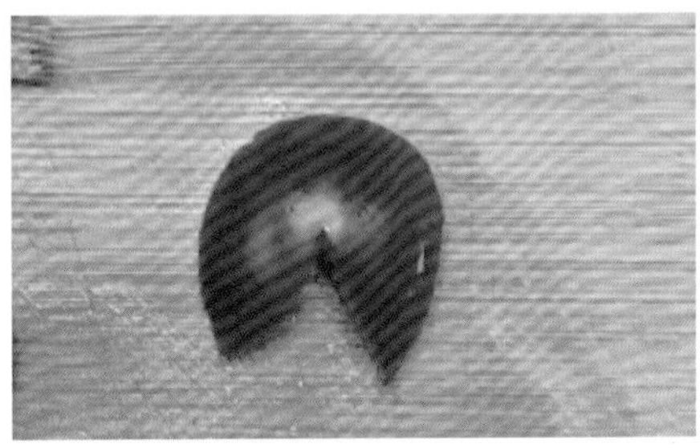

5. 组装作品

①将耳朵安装在身体切口位置，调整角度。

②用镊子在兔子的头部戳出两个小洞，利用樱桃番茄本身的果汁将黑芝麻粘贴到小洞上，形成眼睛。

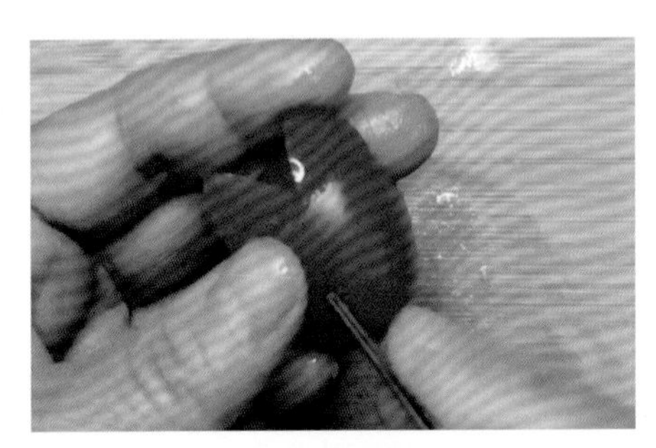
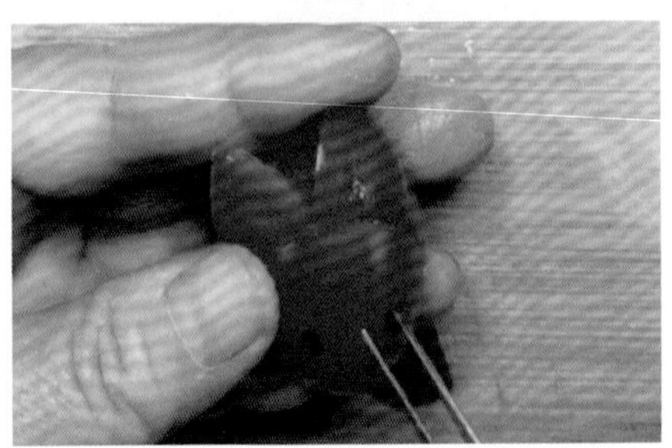

※ 想一想 ※

除了用樱桃番茄雕刻兔子，还可以用什么原料雕刻？如果想给兔子雕刻尾巴，可采用什么方法？

• 制作小窍门

在兔子身体上切出耳朵安装位置时，不能太靠前，也不能太靠后，要根据樱桃番茄的大小适当调整位置与角度。下面三张图片中，左边图片切的位置太靠前，而右边图片太靠后，都不美观，中间的较为合适。

… 做一做 …

设计并雕刻 2 ~ 3 只兔子，让自己的作品具有个性，更加精致。要求：规范用刀、比例合理、形象逼真、有创意。

• 评一评　对照评价标准评一评（用 √ 表示）

评价内容	评价标准	自我评价	同学互评
雕刻兔子	安全规范操作		
	耳朵与身体比例合理		
	整体形象逼真		
	作品富有创意		

项目 2：青柠雕刻小老鼠

• 原料与工具

1. 原料：青柠 2～5 个

2. 工具：平口刀、案板、眼珠模型

- 知识窗 -

老鼠是一种啮齿动物，体形有大有小。老鼠种类较多，全世界现有 450 多种。老鼠是现存最原始的哺乳动物之一，它们生命力旺盛、数量繁多并且繁殖速度极快。

食品雕刻老鼠，就是要抓住老鼠的关键特征，通常采用夸张的手法表现老鼠的眼睛、鼻子、身体，采用简化的手法淡化老鼠的四肢。用青柠雕刻老鼠，利用青柠前端突出蒂头充当老鼠的鼻子，使之更加形象。

• 制作工序

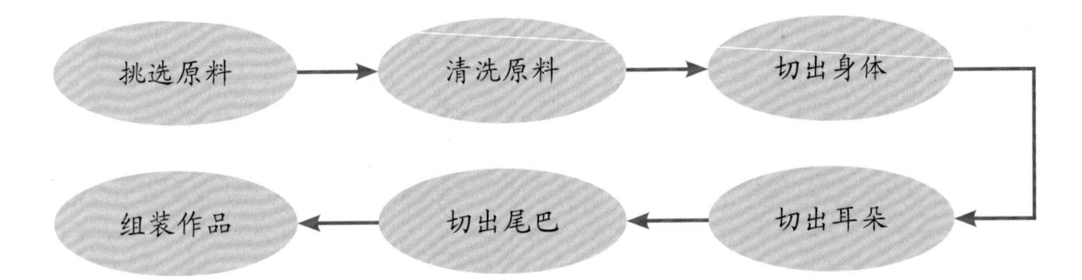

• 制作过程

1. 挑选原料

尽量挑选新鲜的、较硬的、表皮光滑、长度为 30 ～ 40 毫米的椭圆形青柠作为原料。

2. 清洗原料

用自来水冲洗干净，用淡盐水浸泡 10 分钟左右，擦干或晾干。

3. 切出身体

用锯切或划切的方法把青柠底部切除厚度为 3 ～ 5 毫米的坯体。这样做可以使小老鼠的身体平稳摆放。

4. 切出耳朵

在小老鼠头部位置斜切两刀，切出小老鼠耳朵。斜切时刀锋与案板的角度为 60 ～ 80 度，切出的耳朵厚度为 1 ～ 2 毫米，注意不要切出果肉。

※ 想一想 ※

小老鼠耳朵是什么形状？斜切时刀锋与案板的角度为 60 ~ 80度，这个角度如何确定？

5. 切出尾巴

在切出身体时切除的厚度为 3 ～ 5 毫米的坯体上直切一刀，宽度约为 3 毫米，作为小老鼠的尾巴。

6. 组装作品

①用锯切或划切的方法在小老鼠身体中间位置处斜切一刀，刀与案板的角度约为 75 度，深度为 6 ～ 10 毫米。此切口作为小老鼠耳朵的安装位置。此步骤也可在切好耳朵后再操作。

②用刀尖在小老鼠身体的尾部挖一个小洞，作为小老鼠尾巴的安装位置。

③将耳朵安装在身体切口位置，调整角度。将尾巴插入小洞。将眼珠模型安装在切除耳朵的位置，调整角度。

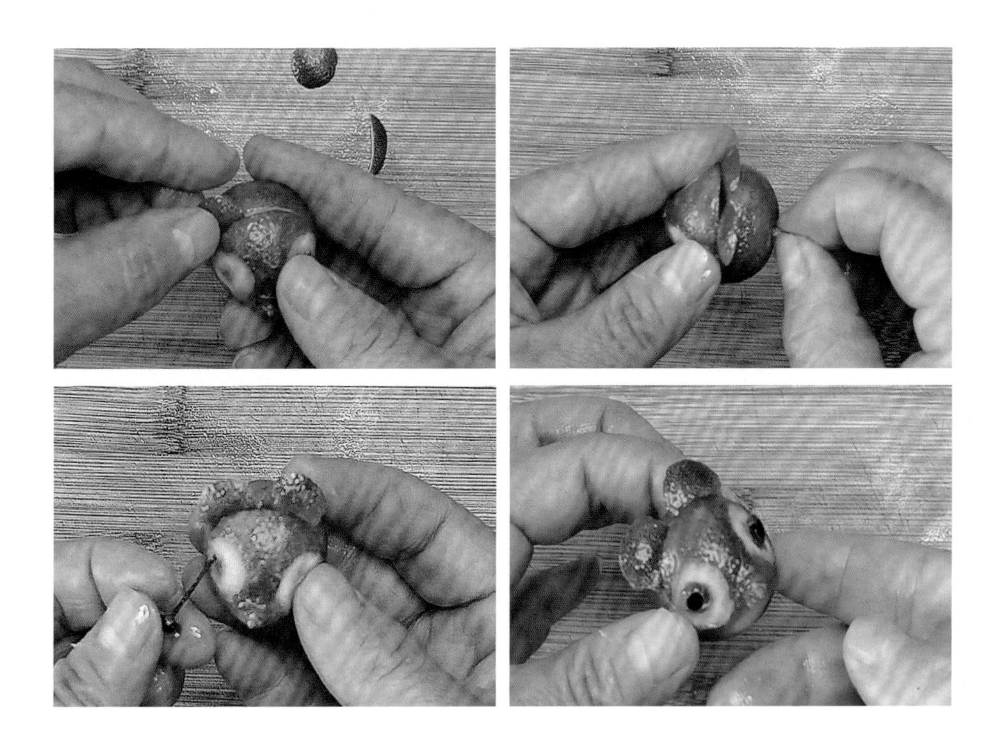

※ 想一想 ※

小老鼠耳朵还可以怎样组装？安装耳朵的位置如果不合适应该如何调整？

• 制作小窍门 •

在小老鼠身体上切出耳朵安装位置时，不能太靠前，也不能太靠后，要根据青柠的大小适当调整位置与角度。安装眼睛时，如果没有眼珠模型，可以用黑豆代替。制作小老鼠作品，如果青柠难以买到，可以用金桔代替。

做一做

设计并雕刻 2 ~ 3 只小老鼠，让自己的作品具有个性，更加精致。要求：规范用刀、比例合理、形象逼真、有创意。

• 评一评 对照评价标准评一评（用 ✓ 表示）

评价内容	评价标准	自我评价	同学互评
雕刻小老鼠	安全规范操作		
	耳朵倾斜角度合理		
	身体比例协调		
	作品形象有创意		

项目 3：橙子雕刻小熊

• 原料与工具

1. 原料：橙子 2 ～ 5 个
2. 工具：平口刀、案板、眼珠模型

知识窗

熊是食肉目熊科动物的通称。熊躯体粗壮肥大，脸形像狗，头大嘴长，眼睛与耳朵都较小，四肢粗壮，给人憨厚可爱的感觉。

食品雕刻小熊，就是要突出小熊憨厚可爱的特征，采用夸张的手法表现小熊的眼睛、耳朵、身体，将它们变大、变长、变圆。采用简化的手法表现它们的四肢等，呈现艺术效果。

• 制作工序

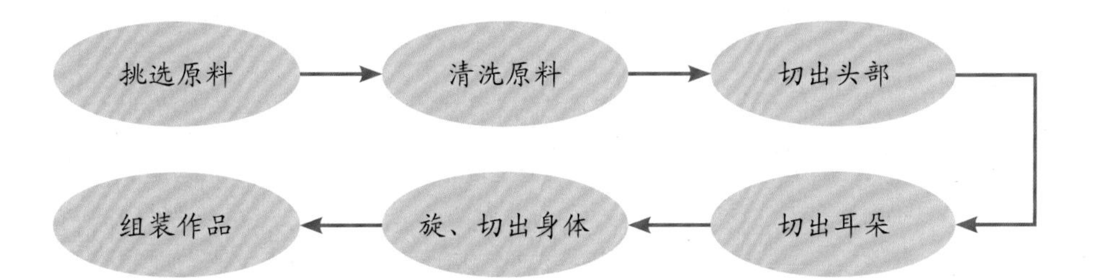

• 制作过程

1. 挑选原料

尽量选取表皮孔细密、色泽鲜艳、果体结实的橙子作为原料。

2. 清洗原料

用自来水冲洗干净，用淡盐水再冲洗一次，擦干或晾干。

3. 切出头部

①用直切的方法把橙子切出厚度约为 10 毫米的坯体，作为小熊头部主体。

②用片切的方法在小熊头部主体中间位置切 10 ～ 15 毫米，作为小熊耳朵插入位置。

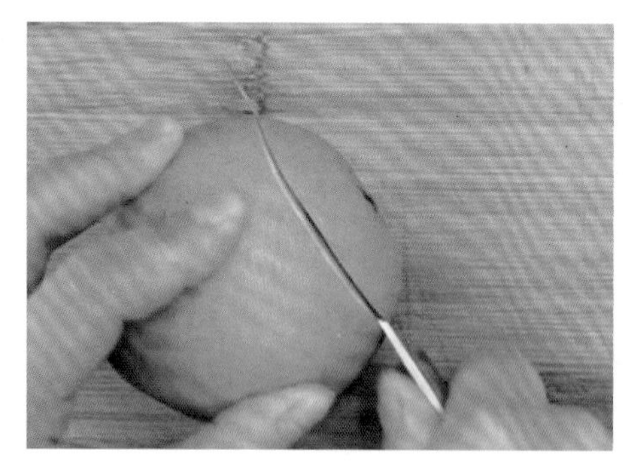

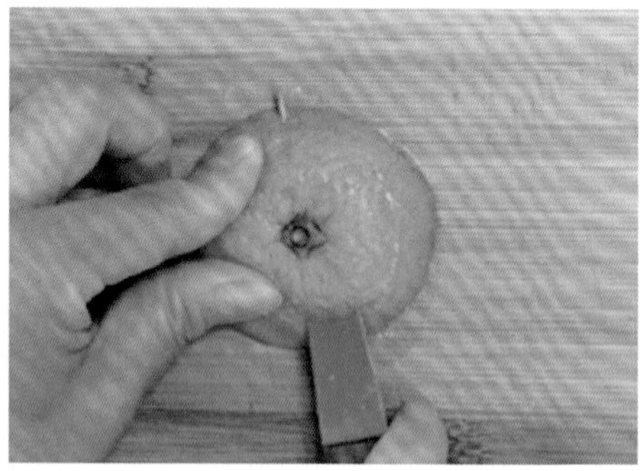

4. 切出耳朵

①用直切的方法把橙子切出厚度为 6 ～ 8 毫米的坯体。

②用斜切的方法在坯体上切出两只耳朵，尽量保持大小形状一致。

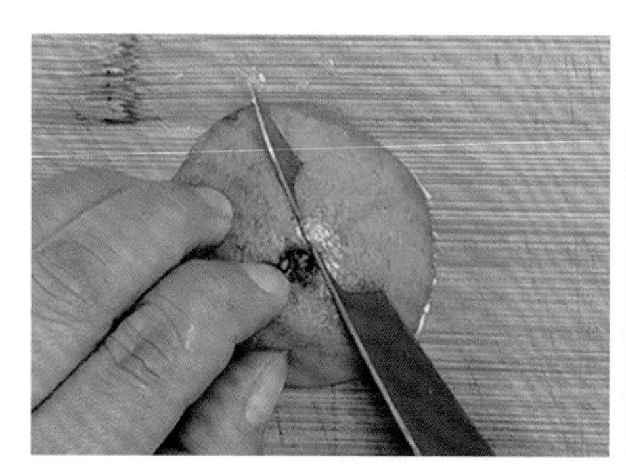

5. 旋、切出身体

①用旋的方法将橙子的果肉旋出，果皮作为小熊的身体。旋的时候刀锋一定要穿透坯体，左手轻按坯体，右手四指握紧刀把，拇指贴于刀把内侧，一边旋转坯体，一边旋出果肉。

②试装头部，确定位置。轻捏坯体，锯切或划切出两个“V 形”形状，为头部安装留下位置。

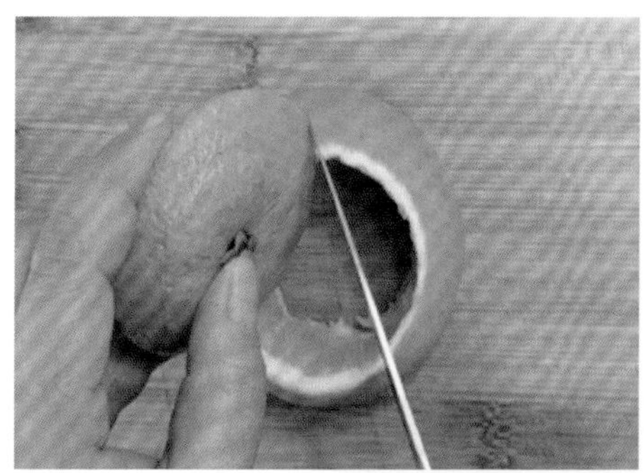
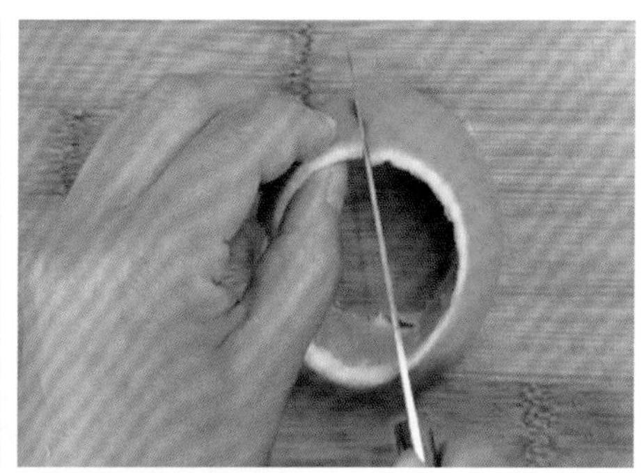

③用划切或锯切的方法在果皮上切出小熊的前肢。切的时候左手轻捏果皮，右手握

紧刀把，用刀尖或刀锋的上段划切或锯切。

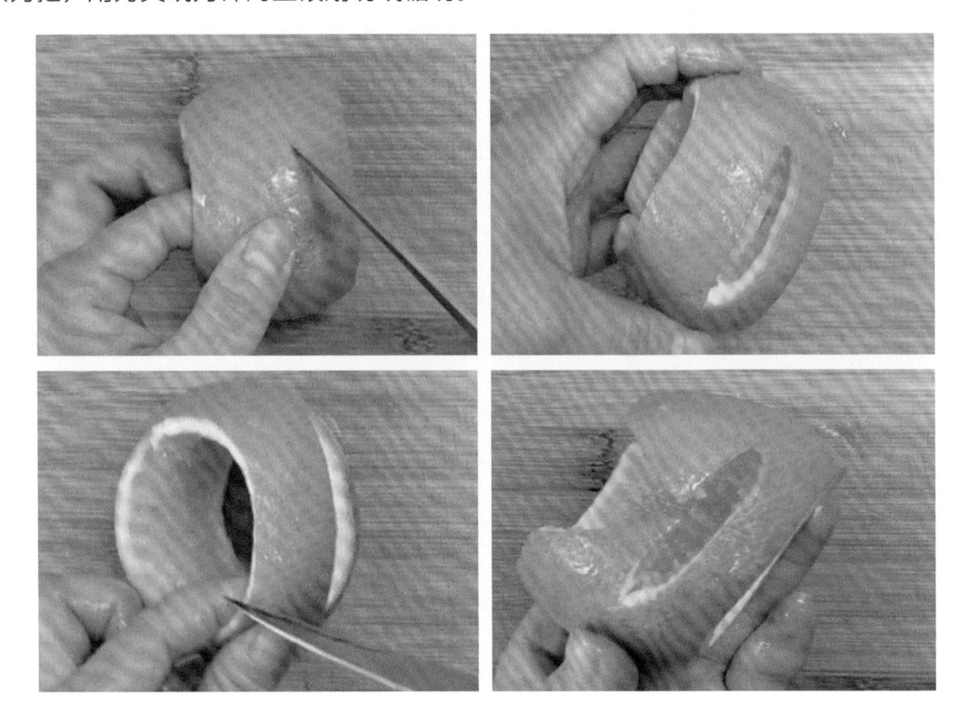

※ 想一想 ※

小熊的前肢还可以怎样设计制作？为什么要用划切或锯切的方法雕刻小熊前肢呢？

6. 组装作品

①组装头部。将耳朵插入预留的位置，并调整好角度，尽量保持对称。将眼珠模型安装在头部。如果没有眼珠模型，可以在头部挖两个孔，用红豆代替眼珠模型。

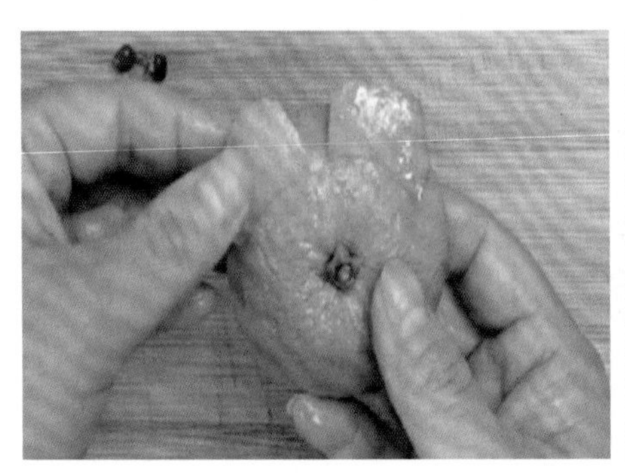
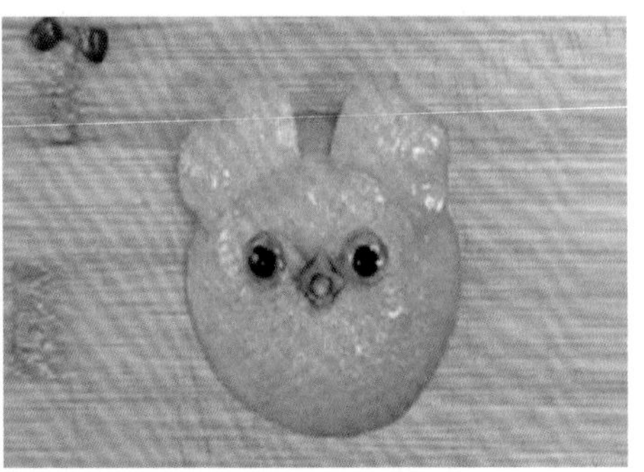

※ 想一想 ※

用橙子的哪个部位制作小熊头部？说说选择的理由。

②将头部安装在身体预留的V形插口。将橙子果肉切块放入小熊身体。

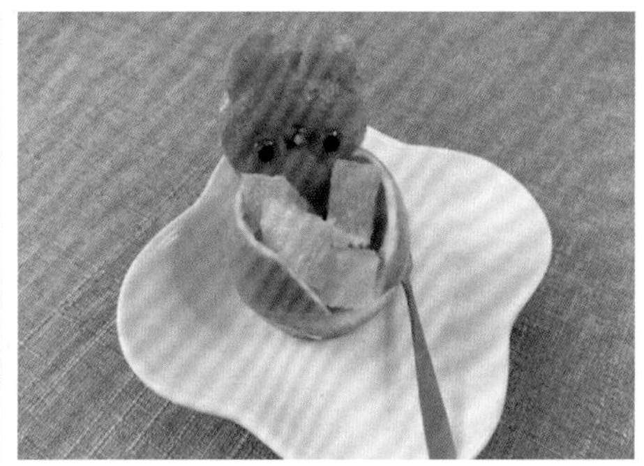

• **制作小窍门**

在小熊头部主体中间位置片切的深度要根据耳朵的大小调整，太深则耳朵插入太深不容易造型，太浅耳朵容易掉落。在旋出果肉时，除了左右手配合好外，还要控制力度，橙子果汁多，如果太用力，会造成果汁流失。这些都需要在实践中体会。

··· 做一做 ···

设计并雕刻 1 ~ 2 只小熊，让自己的作品具有个性，更加精致。要求：规范用刀、比例合理、形象逼真、有创意。

• 评一评 对照评价标准评一评（用 ✓ 表示）

评价内容	评价标准	自我评价	同学互评
雕刻小熊	安全规范操作		
	合理利用原料		
	刀工精细线条流畅		
	造型逼真有创意		

项目 4：黄瓜雕刻金鱼

• 原料与工具

1. 原料：黄瓜 1 根

2. 工具：平口刀、U 形刀、案板

知识窗

金鱼也称“金鲫鱼”，近似鲤鱼但无口须，是由鲫鱼进化而成的观赏鱼类。金鱼的品种很多，颜色有红、橙、紫、蓝、墨、银白、五花等，是一种观赏类动物。

食品雕刻金鱼，就是抓住了金鱼大眼睛、尾部宽大摇曳的特征，采用夸张的手法表现眼睛、尾部，采用简化的手法表现躯干等，使之更加形象。

• 制作工序

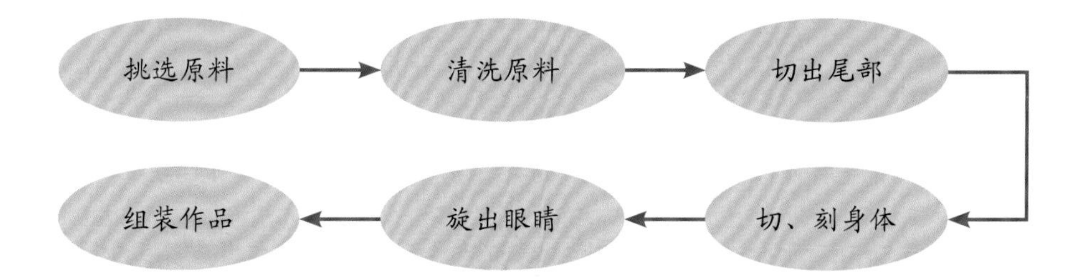

• 制作过程

1. 挑选原料

尽量选取瓜蒂新鲜不脱落、瓜皮光泽无外伤、瓜体粗直均匀、瓜籽较少的水果黄瓜。

2. 清洗原料

用自来水冲洗干净，用淡盐水浸泡 10 分钟左右，擦干或晾干。

3. 切出尾部

①用直切的方法将黄瓜头尾切去，其中尾部切出 35 ～ 40 毫米，留下备用。切剩的黄瓜剖成两瓣。

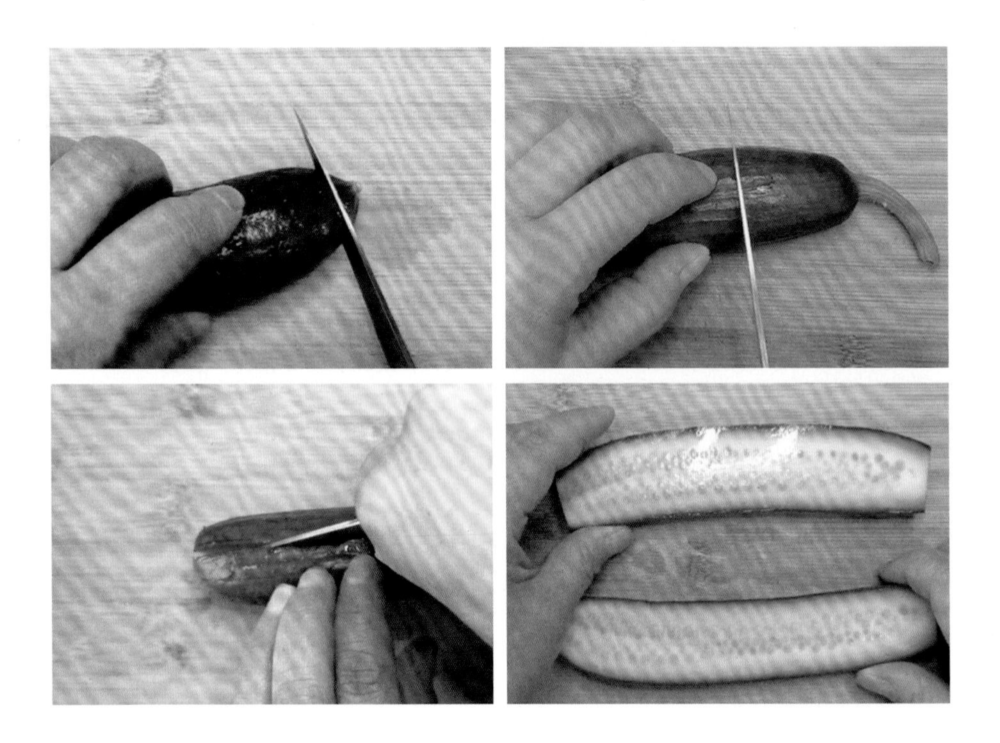

②将半条黄瓜反扣在案板上，斜着切去一刀，形成月牙截面。

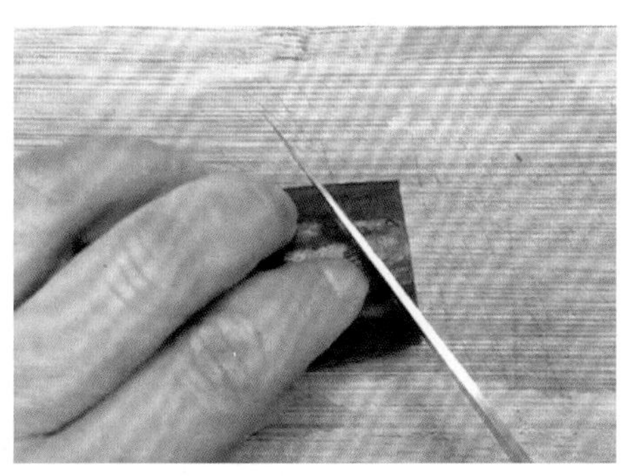

※ 想一想 ※

为什么要将半条黄瓜斜着切去一刀？说说理由。

③切出 2 组各 5 片厚约 1 毫米的薄片，并组装成尾部造型。

4. 切、刻身体

①在黄瓜尾部切出的 35 ～ 40 毫米坯体上斜切一刀，刀与案板的角度约为 60 度，切出金鱼头部主体。

②用 U 形刀在金鱼头部主体刻出金鱼眼睛处凹槽造型。一般选择中号 U 形刀小的刃口进行操作。

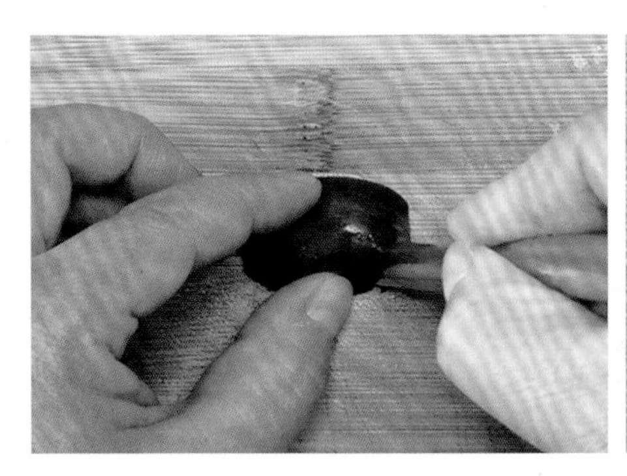

5. 旋出眼睛

①用 U 形刀在黄瓜尾部坯体上旋出金鱼的两只眼睛，一般选择中号 U 形刀小的刃口操作。

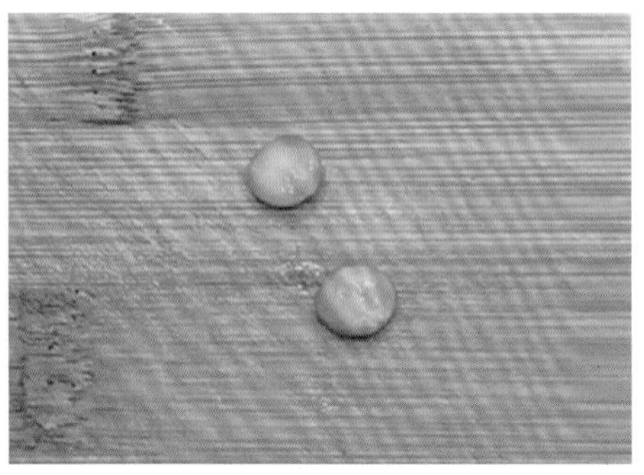

说一说

用 U 形刀旋出金鱼的两只眼睛时是垂直进刀吗？说说你的想法。

②为了使眼睛更加形象，我们还可以给眼睛加上眼珠。在黄瓜尾部坯体上切出黄瓜皮薄片，厚度为 1～2 毫米，用 U 形刀旋刻出两个眼珠，一般选择小号 U 形刀小的刃口操作。

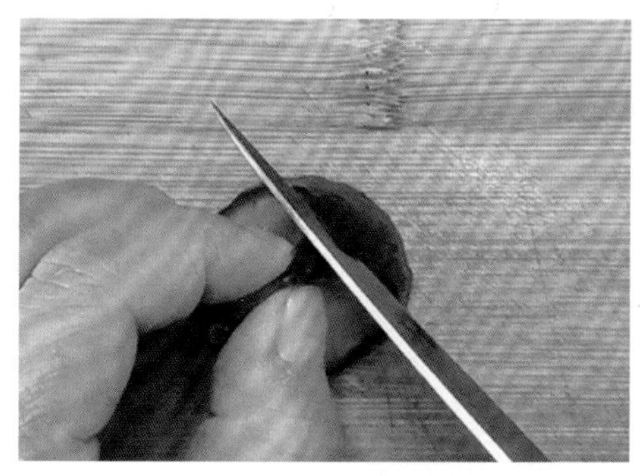

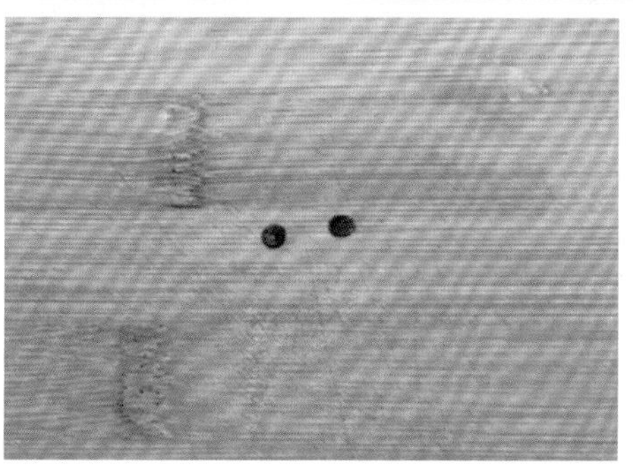

6. 组装作品

①将金鱼尾巴摆放在盘子的合适位置。

②将金鱼身体摆放在尾巴前方，调整到合适位置。

③将金鱼眼睛摆放在身体凹槽造型处，并将眼珠摆放在眼睛造型处。

• 制作小窍门

金鱼尾巴由 10 片月牙形薄黄瓜片组装而成，这些月牙形薄片截面尽量细长，便于造型。用 U 形刀在黄瓜尾部坯体上旋出金鱼的两只眼睛时，U 形刀刀刃与坯体角度约为 60 度，深度根据实际情况调整。旋出的眼睛如果不满意，还可以进行切削调整。

金鱼除了可以用黄瓜雕刻外，还可以用樱桃番茄雕刻。金鱼尾巴的造型也可以创新，这些都需要在实践中体会。

··· 做一做 ···

选用不同的原料，设计并雕刻 1 ~ 2 条金鱼。要求：规范用刀、比例合理、形象逼真、富有创意。

• 议一议

还有哪些原料可以雕刻金鱼？还可以雕刻组装成什么造型？交流改进方案并做好记录。

项目 5：南瓜雕刻蝴蝶

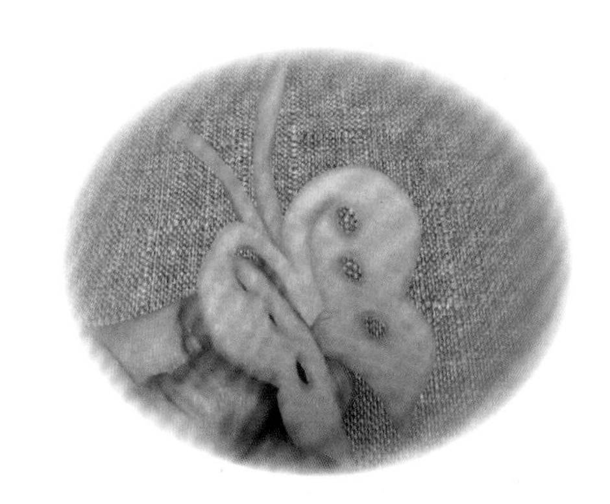

• 原料与工具 •

1. 原料：南瓜 1 块

2. 工具：平口刀、U 形刀、案板

知识窗

蝴蝶是自然界常见的一种动物，属于鳞翅目。蝴蝶一般色彩鲜艳，身上有较多条纹，色彩较丰富，翅膀和身体有各种花斑，头部有一对棒状或锤状触角。

食品雕刻蝴蝶，就是抓住了蝴蝶两对翅膀、头部有棒状触角、身上有花斑的特征，采用夸张的手法表现翅膀、触角，采用简化的手法表现躯干、头部及其他器官。

• 制作工序

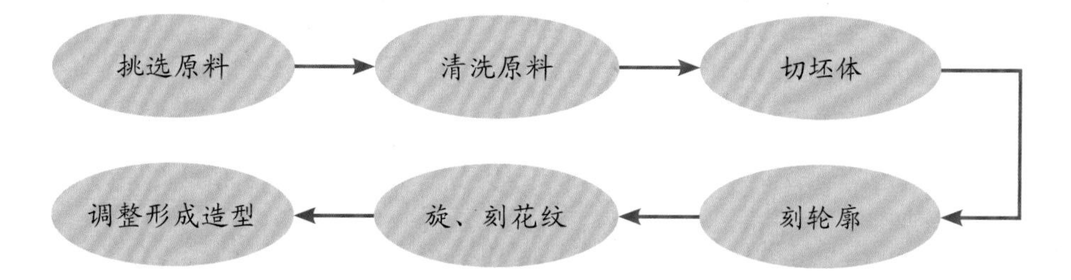

• 制作过程

1. 挑选原料

尽量选取黄色的、长形的、较硬的南瓜，可截取南瓜的一段作为原料。

2. 清洗原料

用自来水冲洗干净，擦干或晾干，去皮去瓤。

3. 切坯体

①把南瓜切成长 40 ～ 50 毫米，宽 40 ～ 50 毫米，高 20 ～ 30 毫米的坯体。如果南瓜较大，可用菜刀先分割原料，然后再用平口刀修坯体。

※ 想一想 ※

在切坯体步骤中，我们规定了坯体的尺寸。坯体的长度、宽度和高度与蝴蝶作品哪些部位相关？可以更改尺寸吗？

②采用片切或直切的方法将坯体切出 2 片薄片，薄片厚度约为 1 毫米，中间连片不要切断。

4. 刻轮廓

①刻出蝴蝶的触角。刻触角时不要划刻到底，触角的宽度约为 2 毫米。

②刻出蝴蝶腹部。将坯体旋转 180 度，用刀尖划刻弧线，如图所示，注意不要划刻到底。

 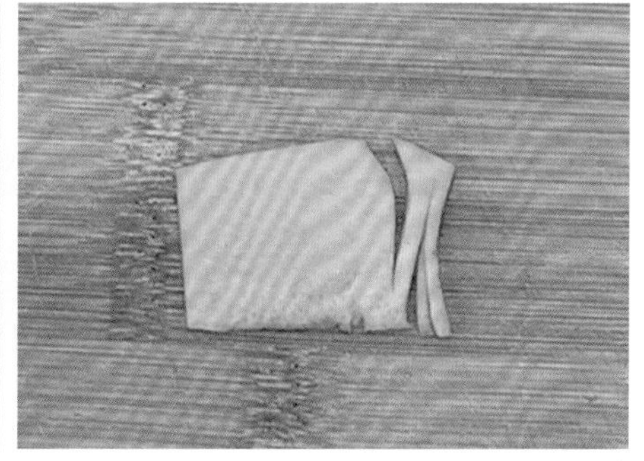

③刻出蝴蝶翅膀轮廓。将坯体再次旋转 180 度，用刀尖划刻出蝴蝶翅膀轮廓。此步骤中，如无法把握轮廓外形，可先用水溶性铅笔画出轮廓，然后再划刻。

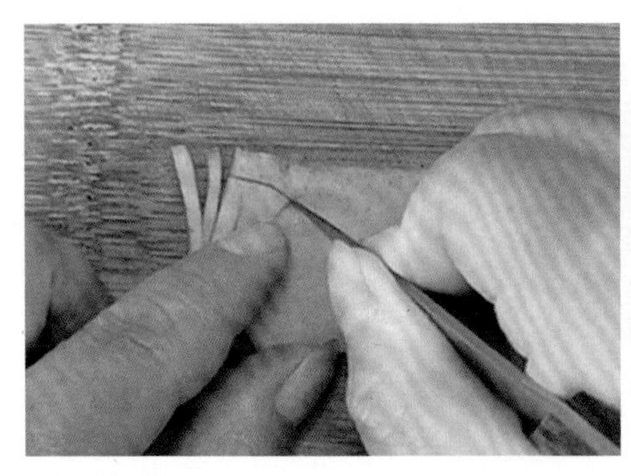

④修整轮廓。用片切的方法将轮廓底部切开约 15 毫米。

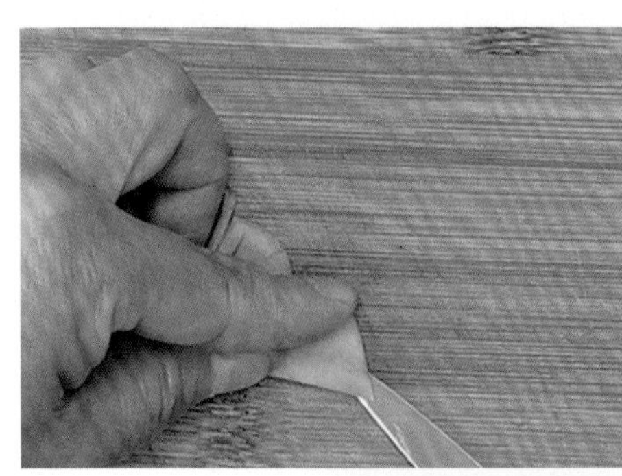

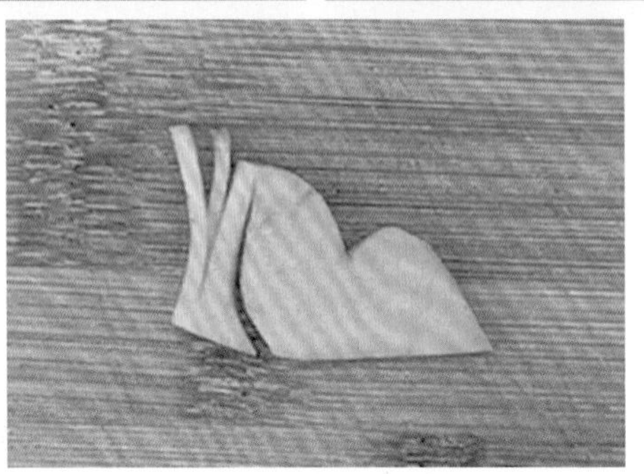

※ 想一想 ※

为什么要有修整轮廓这个步骤？还可以怎样做？

5. 旋、刻花纹

用小号 U 形刀旋刻出翅膀上的花纹，或用平口刀划刻出花纹。由于蝴蝶翅膀上花纹样式繁多，可根据自己的设计进行雕刻。

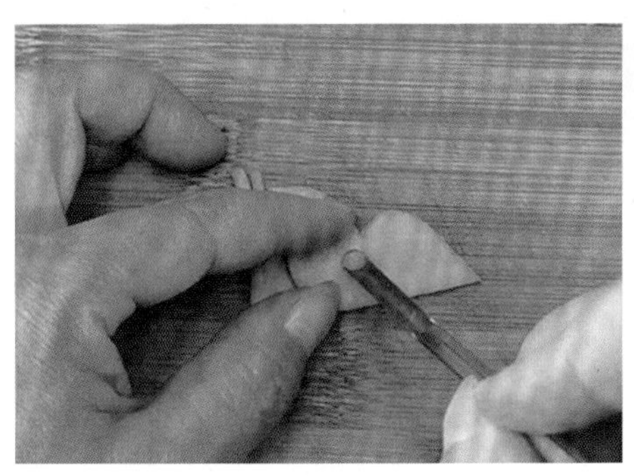
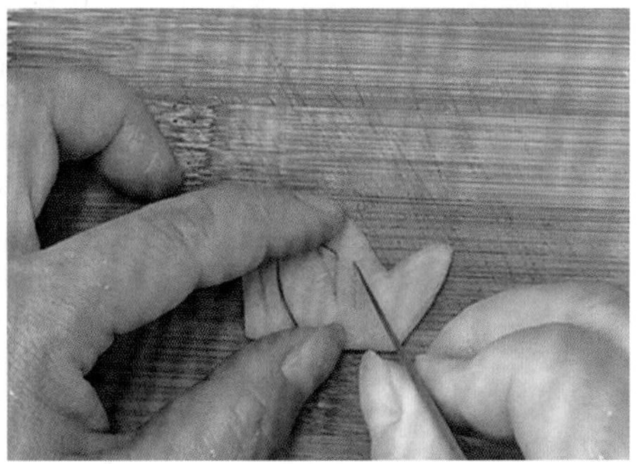

6. 调整形成造型

将两片薄片展开，把之前雕刻的腹部放在连片中间，调整造型，使蝴蝶看起来更加立体。

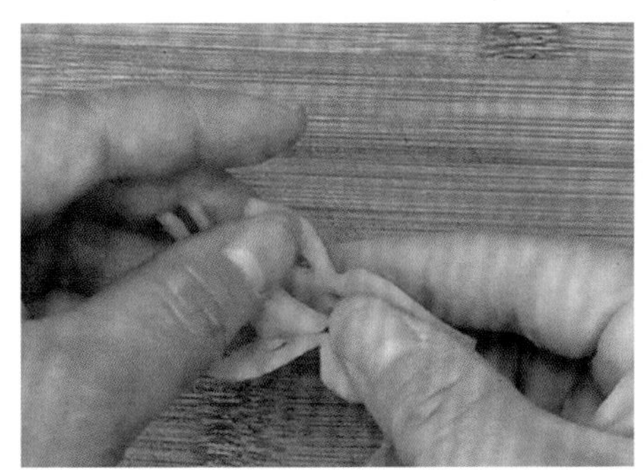
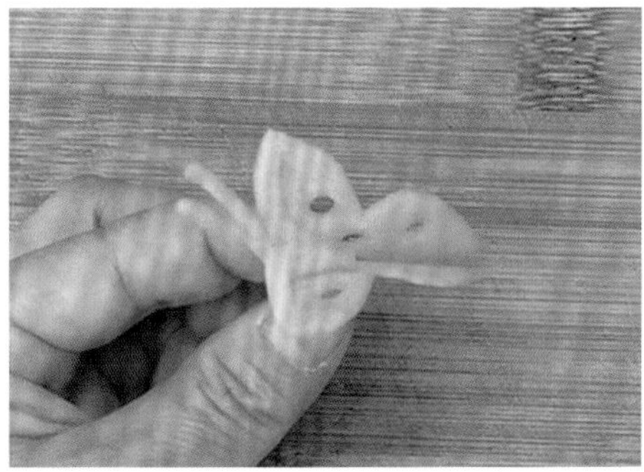

• 制作小窍门

单个蝴蝶雕刻作品很难摆盘装饰，通常会搭配花卉作品。固定蝴蝶时，可充分利用花卉作品花瓣中间的空隙，还可以用牙签固定。

雕刻蝴蝶是一项具有创造性的劳动，世界上的蝴蝶千姿百态，在造型轮廓方面给予了我们更多的发挥空间。我们不仅可以改变造型，还可以改变原料、改变刀法等，只要抓住蝴蝶的主要特征，一定会创造出属于自己的个性作品。

做一做

设计并雕刻 2 ~ 3 只蝴蝶，尝试改变蝴蝶的翅膀及翅膀上的条纹造型，让自己的作品更显个性。要求：规范用刀、比例合理、形象逼真、有创意。

• **评一评** 对照评价标准评一评（用 √ 表示）

评价内容	评价标准	自我评价	同学互评
雕刻蝴蝶	安全操作		
	刀工精细		
	线条流畅		
	造型逼真		

项目 6：黄瓜雕刻蜻蜓

• 原料与工具

1. 原料：黄瓜 1 根

2. 工具：平口刀、U 形刀、V 形刀、案板

- 知识窗 -

蜻蜓，无脊椎动物，昆虫纲，蜻蜓目。翅长而窄，眼睛又大又鼓，占据着头的绝大部分，视觉灵敏，视力极好，是世界上眼睛最多的昆虫。

蜻蜓的主要特征是有一对大眼睛，有两对大翅膀，还有长长的腹部。因此在雕刻时采用夸张的手法表现眼睛、翅膀与腹部，采用简化的手法表现其他器官。

• 制作工序

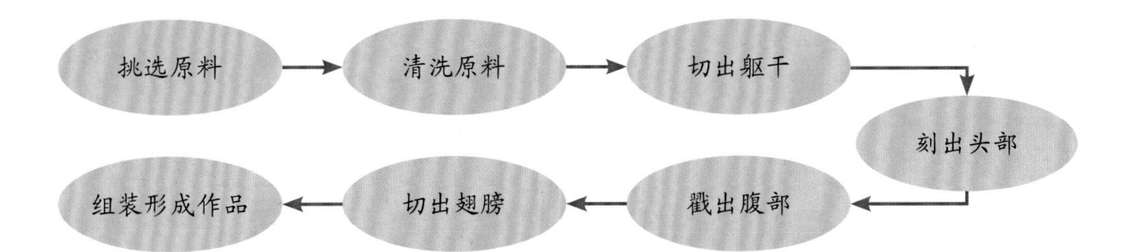

• 制作过程

1. 挑选原料

尽量选取瓜蒂新鲜不脱落、瓜皮光滑无外伤、瓜体粗直均匀的水果黄瓜。

2. 清洗原料

用自来水冲洗干净，并用淡盐水浸泡 10 分钟左右，晾干。

3. 切出躯干

①切除黄瓜废料。切出长约 60 毫米的坯体。

②用片切的方法切出厚约 5 毫米的坯体。

③在坯体上切出上面大、下面小的梯形状躯干。

4. 刻出头部

①用中号 V 形刀大的刀刃在躯干上刻出两个 V 形。

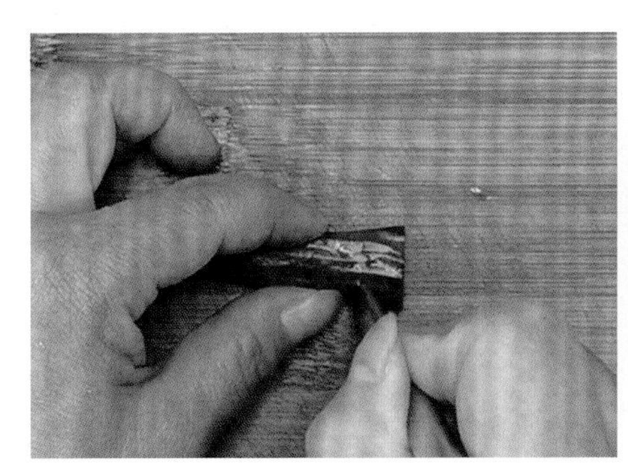

※ 想一想 ※

为什么要把躯干切成上面大、下面小的梯形形状？为什么要在躯干上切出两个 V 形？

②用中号 U 形刀小的刀刃刻出头部造型。要注意刻的方向，不要刻错方向。

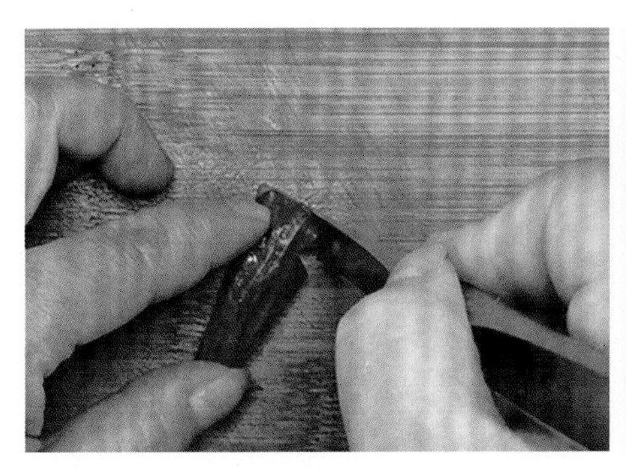

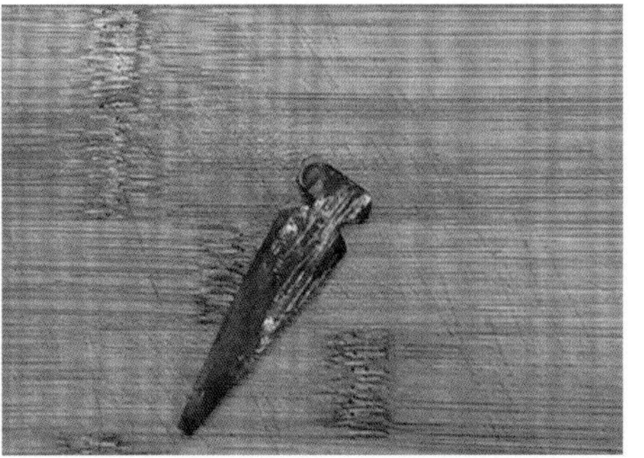

③用 U 形刀刻除眼睛处废料，突出眼睛造型。

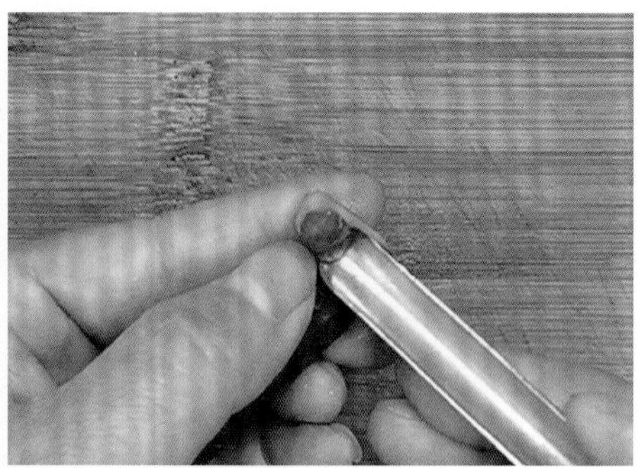

※ 想一想 ※

怎样才能刻除废料，突出蜻蜓的眼睛造型？仔细观察图示，总结要点。

5. 戳出腹部

在躯干上戳出腹部条纹。可用大号 U 形刀小的刀刃戳，也可以用平口刀刻除废料形成条纹。

6. 切出翅膀

①再次拿出 60 毫米长的黄瓜坯体，直切或片切出 8 ～ 10 毫米厚的坯体。

②在坯体上斜切一刀，使截面更加细长。然后切出 4 片约为 1 毫米厚的薄片作为蜻蜓的翅膀。

7. 组装形成作品

将翅膀摆放在躯干 V 形缺口处，调整造型，形成作品。

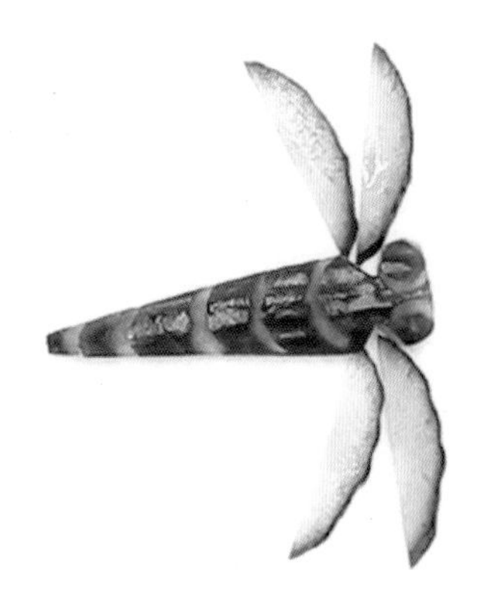

• 制作小窍门

蜻蜓制作过程中，把握躯干与翅膀的比例非常重要，也是影响造型美观的重要因素。在雕刻过程中，腹部的条纹、眼睛处造型看似步骤简单，其实雕刻出来却不容易，此时雕品要用手拿着雕刻，需要双手配合，如果用力不当就会使作品断裂，因此要把握好力度，控制好角度。

… 做一做 …

用黄瓜剩余的原料雕刻 2 ~ 3 只蜻蜓。要求躯干与翅膀比例协调、腹部条纹造型有创意，整体造型美观。

• 比一比

分别用 U 形刀、V 形刀、平口刀雕刻蜻蜓腹部条纹，比较条纹之间的差异。展示小组优秀作品，归纳操作要点。

项目 7：黄瓜雕刻凤凰

• 原料与工具

1. 原料：黄瓜 1～2 根

2. 工具：平口刀、案板、眼珠模型

知识窗

凤凰是传说中的百鸟之王。凤凰寓意吉祥如意，象征着祥瑞。中国古代有许多关于凤凰的传说，传说中的凤凰有鸡头、燕颔、蛇颈、鱼尾、龟背，身如鸳鸯，翅似大鹏，腿如仙鹤，是多种鸟兽形象集合而成的一种神物。凤凰和龙是中国古代文化的重要元素之一。

食品雕刻凤凰，就是要抓住凤凰的关键特征，通常采用简化的手法表现凤凰的头部和身体，采用夸张的手法表现凤凰的尾部与翅膀，起到烘托宴席氛围的目的。

• 制作工序

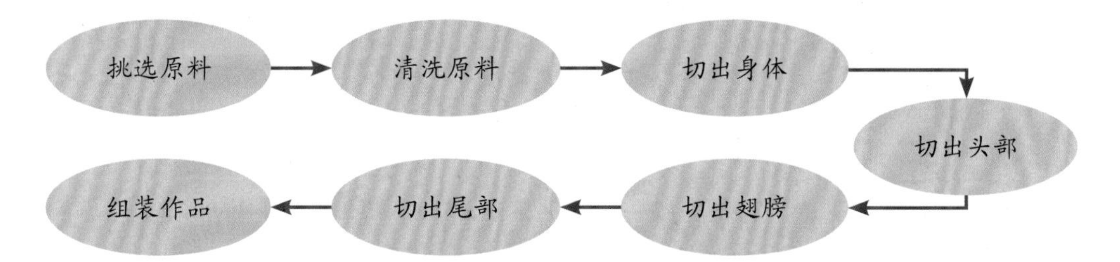

• 制作过程

1. 挑选原料

尽量挑选新鲜的、细长的、表皮光滑的水果黄瓜作为原料。

2. 清洗原料

用自来水冲洗干净，用淡盐水浸泡 10 分钟左右，擦干或晾干。

3. 切出身体

①用平口刀斜切黄瓜，刀与案板角度约为 30 度，切出的坯体作为凤凰的身体。

②用划切的方法在坯体上方切出长为 6 ～ 8 毫米，宽约 3 毫米，深为 5 ～ 6 毫米的长方体，将废料去除，留作凤凰头部安插位置。

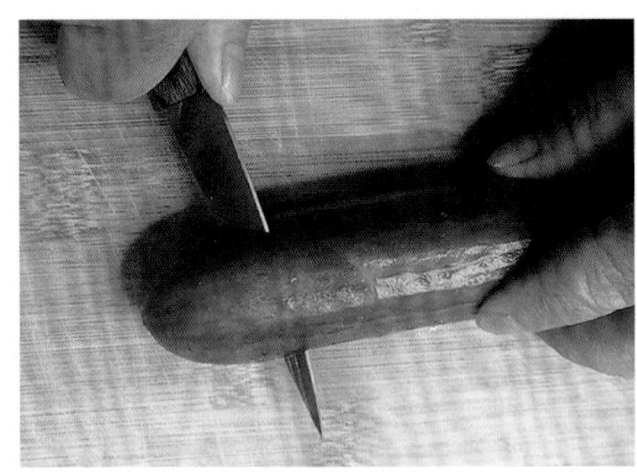
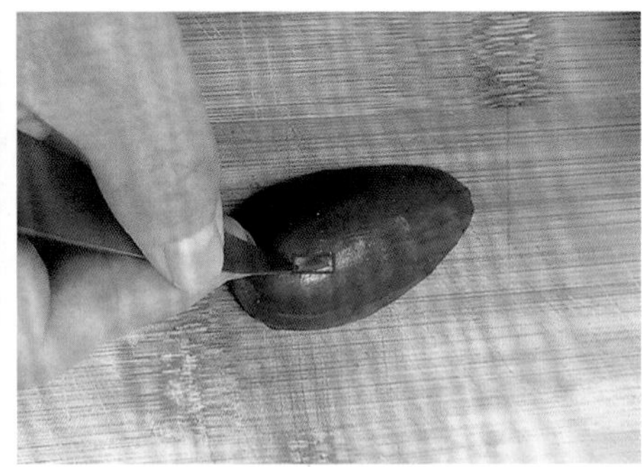

4. 切出头部

①用平口刀片切或直切黄瓜，切出厚约 3 毫米，长约 50 毫米，宽约 20 毫米的坯体。

②用划切的方法在坯体上划刻出凤凰的头部。

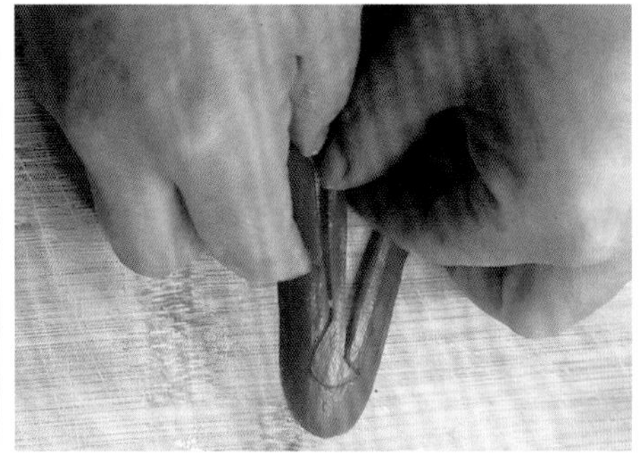

③用片切的方法在剩余坯体表面切出厚约 1 毫米的黄瓜表皮，用划切的方法划刻出凤凰的冠子。

④在凤凰的头部划切出深为 1 ～ 2 毫米的小口，将冠子安插在凤凰的头部。将眼珠模型安装在头部。

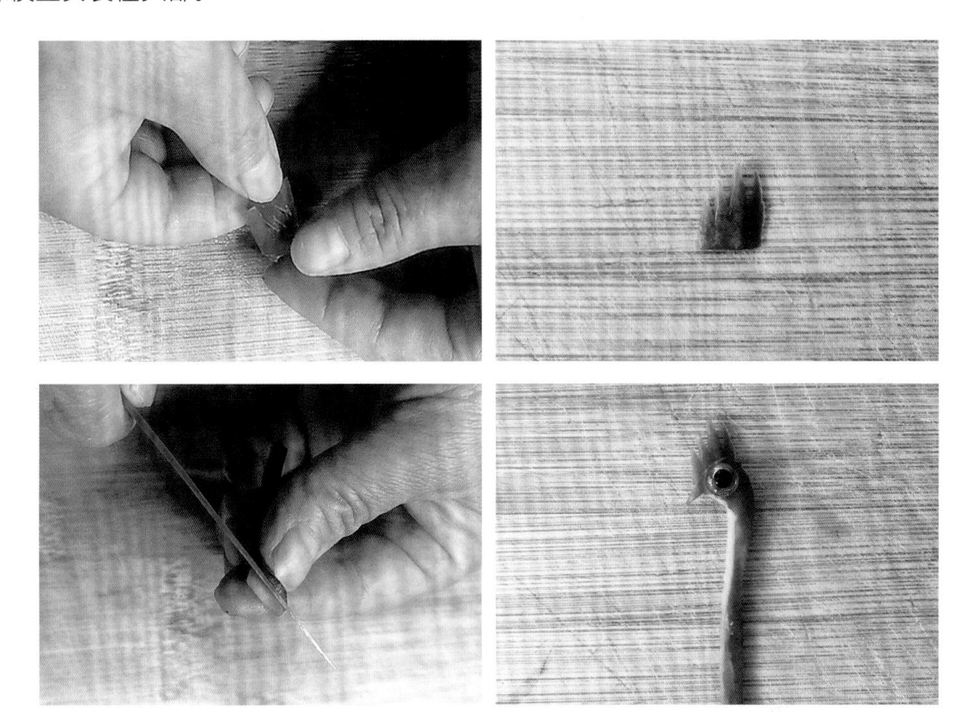

5. 切出翅膀

①用平口刀直切黄瓜，切出长约 60 毫米的坯体，在此坯体三分之一处再次直切，形成厚约 10 毫米的坯体。

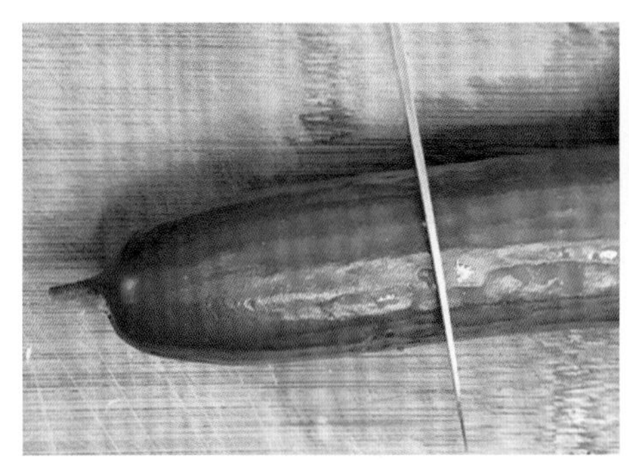

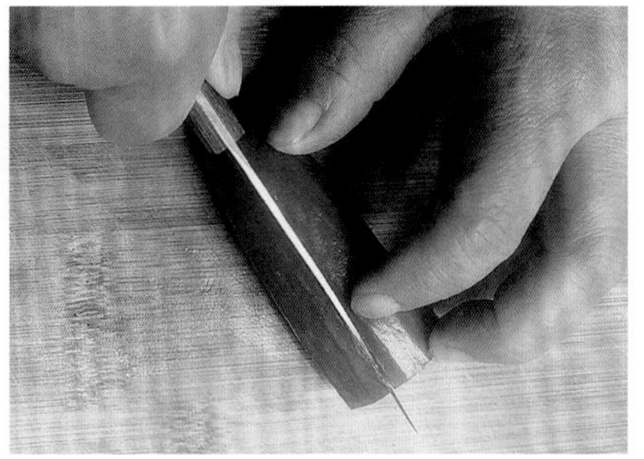

②用划切的方法在 10 毫米厚的坯体上斜切一刀，去除废料，形成细长形坯体，然后切出 2 组共 10 片月牙花瓣作为凤凰的翅膀。

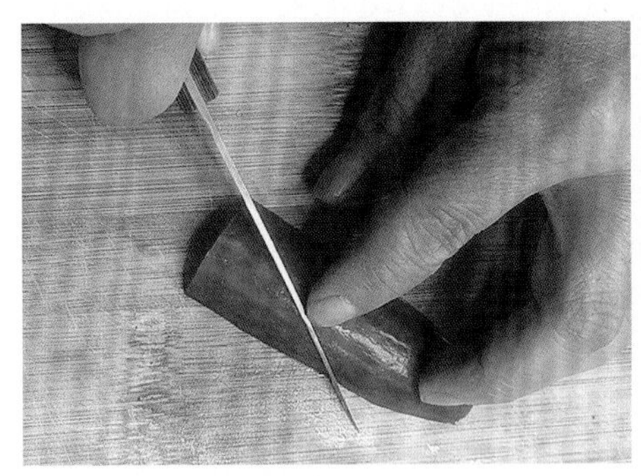

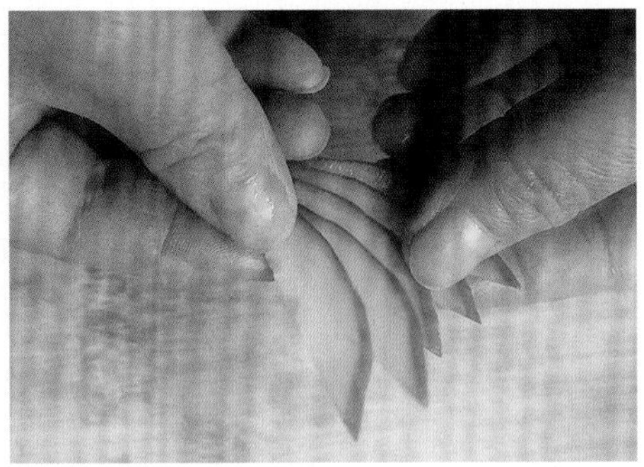

6. 切出尾部

①用平口刀直切黄瓜，切出长约 60 毫米的坯体，在此坯体二分之一处再次直切，形成厚约 15 毫米的坯体。

②用划切的方法在约 15 毫米厚的坯体上斜切一刀，去除废料，切出 2 组共 10 片月牙花瓣作为凤凰的第一部分尾部。

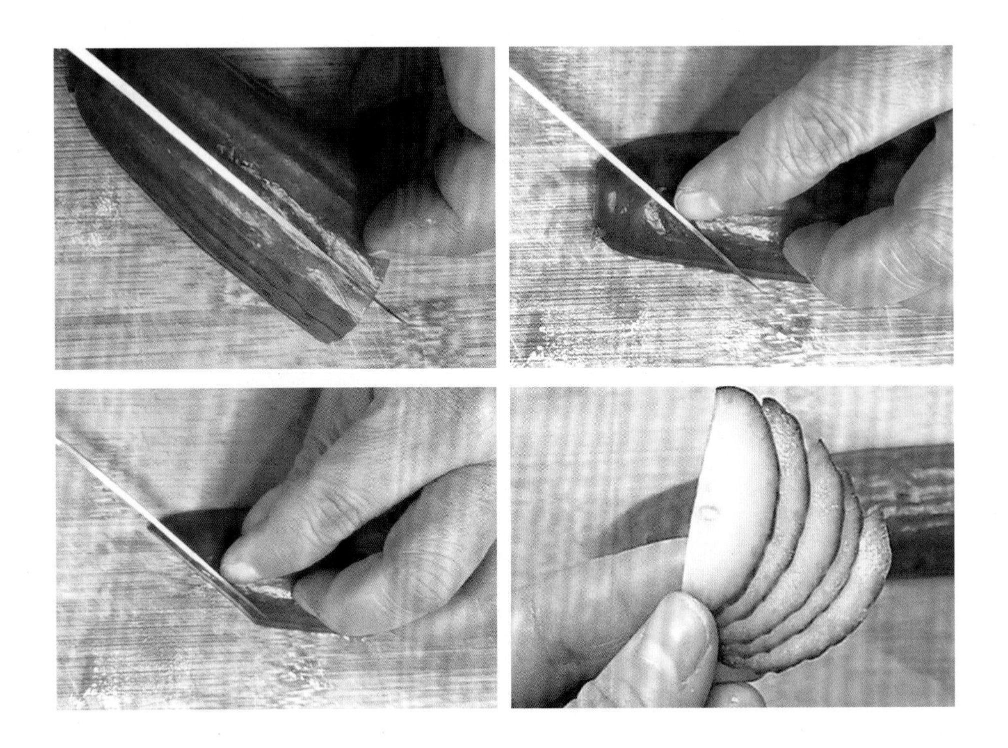

※ 想一想 ※

为什么要在坯体的二分之一处直切而不是三分之一处？仔细观察凤凰的翅膀与尾部制作方法，想一想，有什么差异？为什么会有差异？

③用片切的方法在剩余坯体表面切出厚约 1 毫米，长约 70 毫米的黄瓜表皮，用划切的方法切刻出凤凰的第二部分尾部。

7. 组装作品

①将头部安装在身体切口位置，调整角度。

②将翅膀摆放在靠近身体上方位置，5 片月牙花瓣为一组，对称摆放，适当调整角度。

③将第一部分尾部摆放在身体后面，5 片月牙花瓣为一组，对称摆放，将第二部分尾部摆放在第一部分尾部后面，调整位置使之呈散开状态。

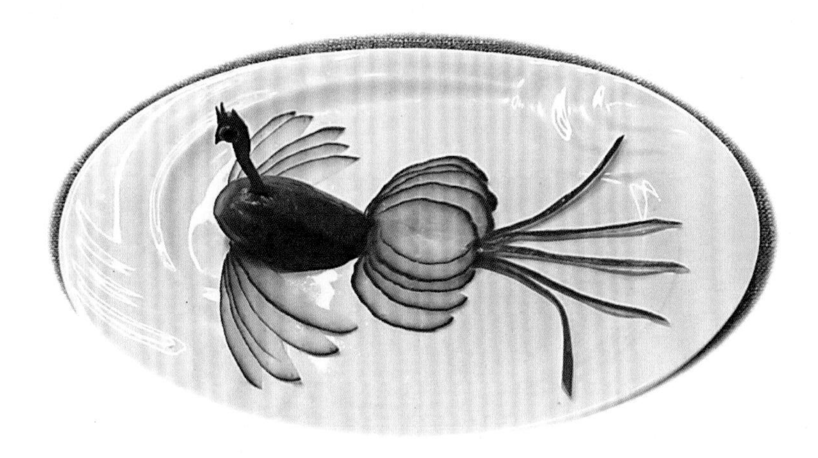

• 制作小窍门

在凤凰身体上切出头部安装位置时，不能太靠前，也不能太靠后，要根据身体与头部的大小、比例等适当调整位置与角度。凤凰的翅膀要呈细长形，凤凰的尾部要略显粗大。

做一做

设计并雕刻 1 ~ 2 只凤凰，让自己的作品具有个性，更加精致。要求：规范用刀、比例合理、形象逼真、有创意。

• 评一评 对照评价标准评一评（用 √ 表示）

评价内容	评价标准	自我评价	同学互评
雕刻凤凰	安全规范操作		
	头部倾斜角度合理		
	身体比例协调		
	作品形象有创意		

本章小结

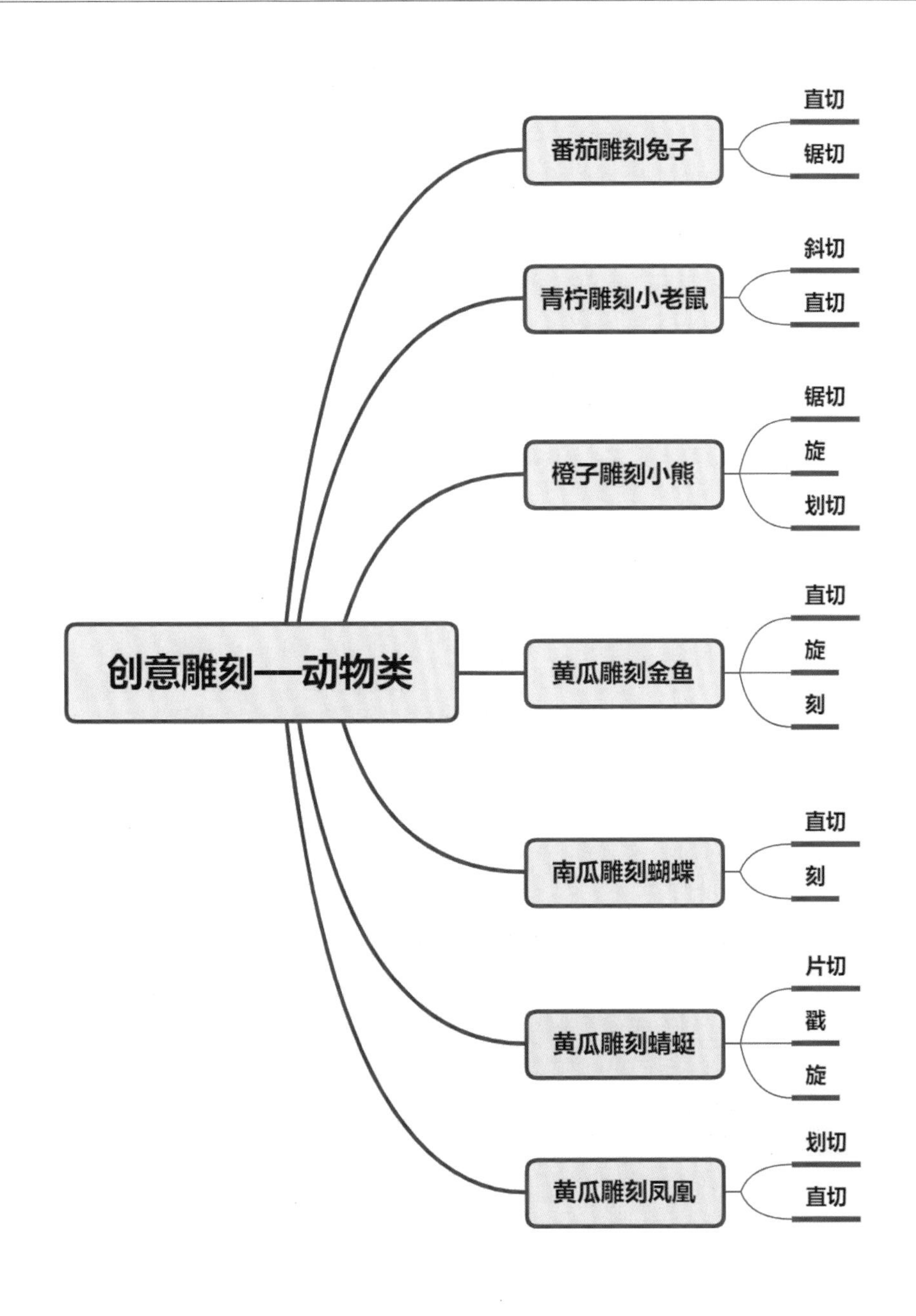
创意雕刻——动物类
番茄雕刻兔子
直切
锯切
青柠雕刻小老鼠
斜切
直切
橙子雕刻小熊
锯切
旋
划切
黄瓜雕刻金鱼
直切
旋
刻
南瓜雕刻蝴蝶
直切
刻
黄瓜雕刻蜻蜓
片切
戳
旋
黄瓜雕刻凤凰
划切
直切

主题篇　创意雕刻——花卉类

花卉，植物的一个种类。一般用于欣赏、装饰，有美化环境的作用。花有各种各样的颜色，各式各样的形态，有的花不仅长得很艳丽，而且还有香味。

食品雕刻花卉，就是要抓住花卉的主要特征，如花瓣特征、花萼特征等，采用夸张、简化的手法表现花卉，为菜肴增色添味，给人以美的感受。

食品雕刻作品中常常有花，不仅是因为花艳丽多姿，更因为有的花还有一定的寓意。如菊花象征着清新高雅、正直不屈，牡丹象征着气质典雅、富贵吉祥，玫瑰象征着真挚纯洁、青春活力……雕刻的作品常常被赋予了更多的含义。一些主题作品，也常用到花卉雕品，如“喜上眉梢”主题作品中，“眉”与“梅”同音，就用梅花来表达情感。再如“连年有余”主题作品中，“连”与“莲”同音，就用莲花来表达企盼与祝福。

项目 1：黄瓜雕刻月牙花瓣

• 原料与工具

1. 原料：黄瓜 1 根

2. 工具：平口刀、案板

- 知识窗 -

月牙的学名叫甲半月或半月痕，一般指指甲生长过程中形成的自然现象。由于其弯弯的造型像月亮的形状，给人一种优雅、婉转的感觉，因而在许多食品或产品的造型中经常被采用。

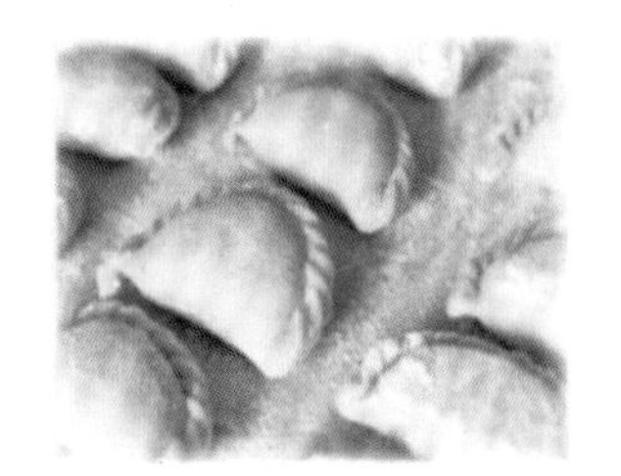

月牙形状在食品雕刻中经常用于表现花朵、树叶、山石等造型，或制作平面作品，或组装成为立体造型。

• 制作工序

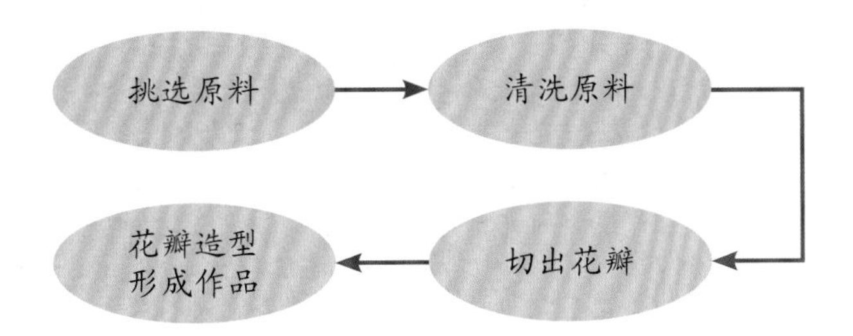

• 制作过程

1. 挑选原料

尽量选取瓜蒂新鲜不脱落、瓜皮光滑无外伤、瓜体粗直均匀的水果黄瓜。

2. 清洗原料

用自来水冲洗干净，用淡盐水浸泡 10 分钟左右，擦干或晾干。

3. 切出花瓣

①用平口刀将黄瓜头尾切去，剖成两瓣。

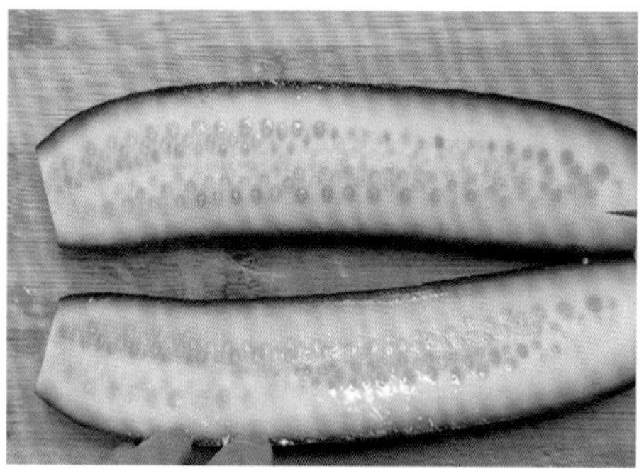

②先将半条黄瓜扣在案板上，斜着切去一刀，然后将坯体切成 1 毫米左右厚的薄片。斜切角度不同，月牙形状也会不同，根据需求调整角度。

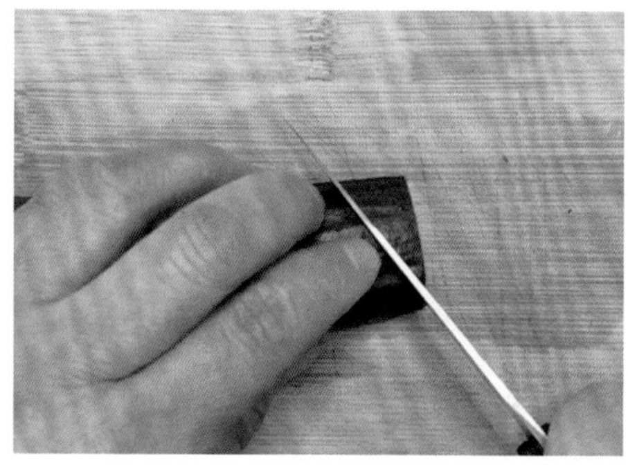
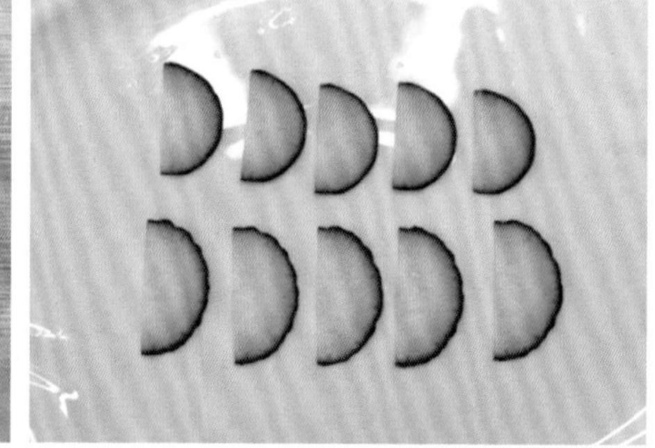

4. 花瓣造型形成作品

将花瓣进行造型，可以是扇形打开，分组摆放；也可以两两组合，分层摆放；还可以单独造型。

※ 想一想 ※

除了黄瓜可以雕刻月牙花瓣，还有哪些原料可以雕刻？除了可以组装成花卉作品，还可以组装成什么作品？

• 制作小窍门

制作月牙花瓣薄片时，如何可以使切的薄片厚度均匀，约为 1 毫米，有个小窍门，那就是切的姿势。右手紧握刀具，左手指自然弯曲成弓形按紧原料，刀身紧贴左手中指第一关节指背垂直向下运刀，当右手向上提起的时候，左手向后退 1 毫米左右，右手随着左手移动，重复上述动作，保持切的原料间距一致。

月牙花瓣简单易学，用途很广。月牙花瓣造型不仅可以组装成一些平面花卉，而且还可以组装作为其他盆饰美化菜肴。

做一做

选用不同的原料，设计并制作一款以月牙花瓣为主体的作品。要求：造型美观有创意、花瓣薄厚均匀，约为 1 毫米。

- **评一评** 对照评价标准评一评（用 ✓ 表示）

评价内容	评价标准	自我评价	同学互评
雕刻月牙花瓣作品	安全操作且节约原料		
	花瓣平而光滑		
	花瓣薄厚均匀约为 1 毫米		
	花瓣组装造型形成的作品有创意		

项目 2：黄瓜雕刻木梳花

• 原料与工具

1. 原料：黄瓜 1 根

2. 工具：平口刀、案板

- 知识窗 -

自然界并没有木梳花这种花卉。食品雕刻中把原料切成梳子形的连片，并造型形成木梳花，将木梳花组装，形成花卉作品。

• 制作工序

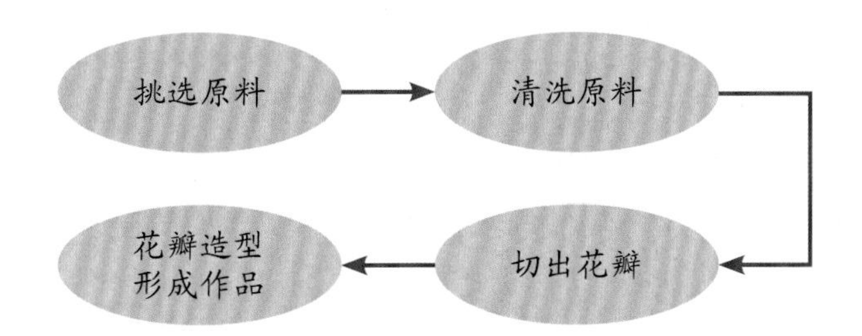

• 制作过程

1. 挑选原料

尽量选取瓜蒂新鲜不脱落、瓜皮光滑无外伤、瓜体粗直均匀的水果黄瓜。

2. 清洗原料

用自来水冲洗干净，用淡盐水浸泡 10 分钟左右，擦干或晾干。

3. 切出花瓣

①用平口刀将黄瓜头尾切去并剖成两瓣。

②半条黄瓜扣在案板上，斜着切去一刀，形成月牙形截面。将坯体切成梳子形的连片，注意切的时候一组要连片，不要切断。

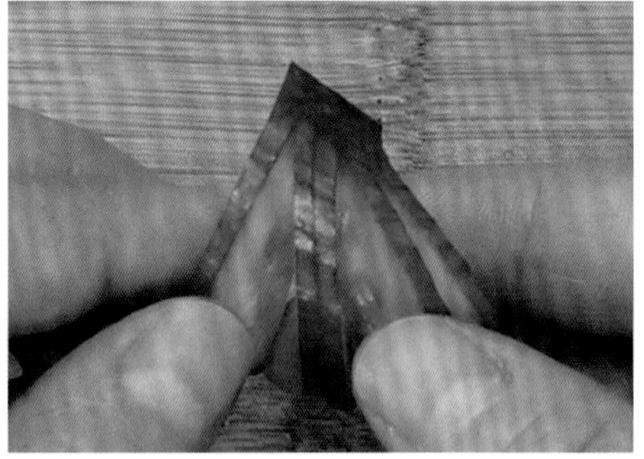

4. 花瓣造型形成作品

①将连片进行弯折造型，形成花瓣。弯折时动作轻柔，不折断连片。连片个数不同，造型效果也会不同。

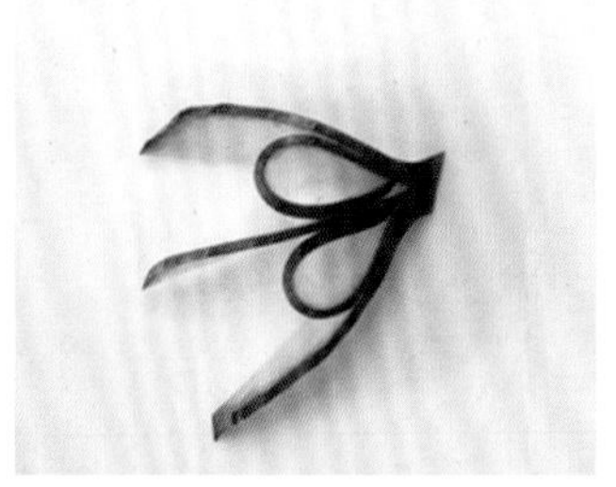

②将花瓣进行组装，形成木梳花作品。连片个数不同，造型不同，产生的效果也会不一样。

※ 想一想 ※

切木梳花连片时，怎样切才能做到不切断？木梳花造型时需要注意什么？

• 制作小窍门

木梳花在自然界是不存在的。但是由于它简单易学，造型美观，经常被用来制作花卉。可采用切月牙花瓣的方法切木梳花连片，但要注意中间连片不要切断，一组连片要薄厚均匀，约为 1 毫米。木梳花除了可以组装成花卉作品，还可以用于其他造型，如下图中金鱼的尾巴就是用木梳花制作而成。

做一做

切出 4 ~ 6 组 3 片或 5 片连片的木梳花，每片厚度为 1 毫米左右，并进行造型。要求：安全操作，连片薄厚均匀，约为 1 毫米，造型美观有创意。

• 议一议

除了黄瓜可以雕刻木梳花，还有哪些原料可以雕刻？木梳花除了可以造型组装成花卉作品，还可以造型成什么作品？小组开展头脑风暴并做好记录。

项目 3：胡萝卜雕刻雏菊

• 原料与工具

1. 原料：胡萝卜 1 根
2. 工具：平口刀、U 形刀、案板

- 知识窗 -

雏菊是自然界常见的一种花卉，是菊科植物的一种，多年生草本植物。早春开花，生气盎然，代表着纯洁、天真，具有君子的风度和天真烂漫的风采，深受人们喜爱。

雏菊的特点是中间有花蕊，周围花瓣细长。食品雕刻雏菊，抓住其主要特征——花蕊呈圆盘形、花瓣呈细长形，进行造型设计与雕刻。

• 制作工序

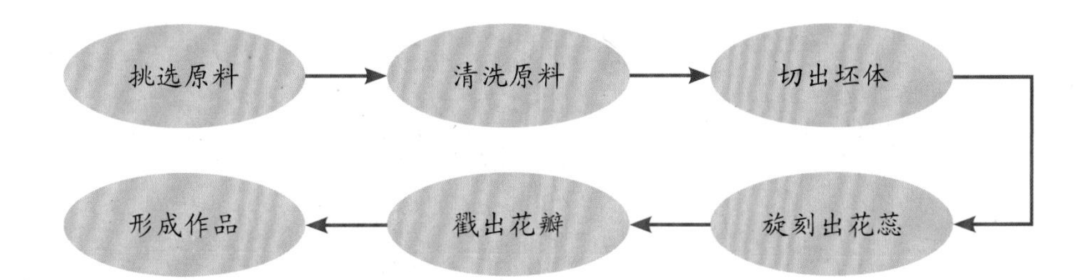

• 制作过程

1. 挑选原料

尽量选择表面光滑、形体圆直均匀、色泽鲜艳的胡萝卜进行雕刻。雕刻雏菊选取的胡萝卜直径不少于 30 毫米。

2. 清洗原料

用自来水冲洗干净，用淡盐水浸泡 10 分钟左右，擦干或晾干。

3. 切出坯体

用平口刀将胡萝卜根茎切除，形成圆形截面。切出的截面要平而光滑。

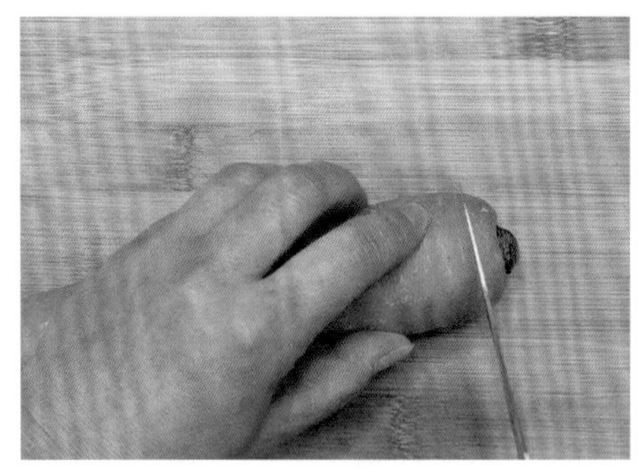

4. 旋刻出花蕊

用 U 形刀垂直进刀旋刻出圆周，留作雏菊的花蕊。刻的深度约为 3 毫米，刻出的圆周尽量在截面中心位置。在此步骤，一般选择中号 U 形刀的小头刀刃进行旋刻。

5. 戳出花瓣

①将 U 形刀刀刃向前向下进刀，由浅入深，深度不超过 2 毫米，戳出一圈花瓣基本形状。在此步骤，一般选择小号 U 形刀小头刀刃。

为什么要选择小号 U 形刀小头刀刃？这是因为雏菊的花瓣一般是细长形的，为了让花瓣更形象，选取小号刀具戳成形。

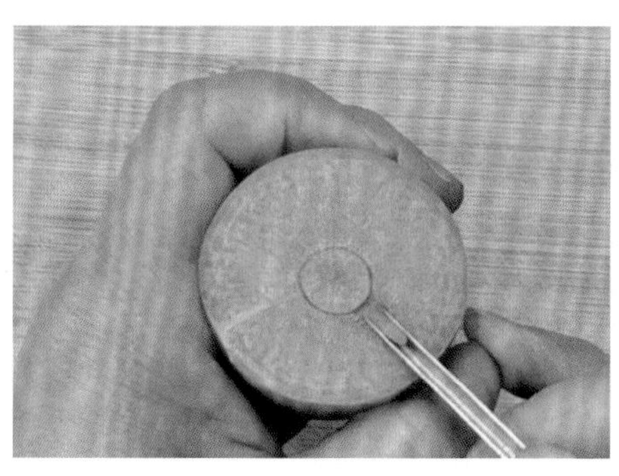

②将 U 形刀刀刃向前向下进刀，由浅入深，深度不超过 5 毫米，逐片戳花瓣，形成立体花瓣造型。在此步骤，一般选择小号 U 形刀大头刀刃。

为什么深度不超过 5 毫米？在上一个步骤戳出基本形状时，深度为 2 毫米左右。这里要求不超过 5 毫米，也就是花瓣的厚度约为 3 毫米。这个厚度比较适当。如果太厚，不能够凸显花瓣细长的特征，如果太薄，又容易断裂。选择小号 U 形刀的大头，正好利用一把刀具两端大小的差异，造成立体感，也方便成形。

6. 形成作品

切 6 ～ 7 毫米坯体，将花瓣与原料脱离。为什么切 6 ～ 7 毫米坯体？主要是因为在第四步戳出花瓣立体造型时，戳的深度约为 5 毫米。我们切 6 ～ 7 毫米，在适当留下余量的同时，也方便花瓣脱离原料。

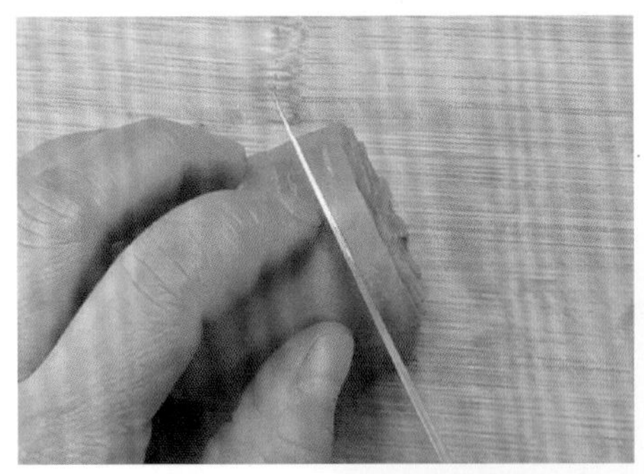

※ 想一想 ※

还有什么方法可以使雏菊作品脱离坯体？一朵雏菊有多少个花瓣由什么决定？

• 制作小窍门

雏菊是自然界常见的一种花卉，寓意天真、纯洁。它的特点是中间有花蕊、周围花瓣细长。除了用胡萝卜可以雕刻雏菊外，只要能切出圆形或近似圆形截面的原料都可以雕刻雏菊。除了用 U 形刀雕刻外，V 形刀也可以雕刻。

雕刻雏菊时要充分利用 U 形刀或 V 形刀刀具两头刀刃的差异性，突出花瓣的立体造型。同样的原料，使用刀具不同，选择刀具的刀刃大小不同，造型会有所差异。

做一做

用剩余的胡萝卜原料雕刻 3 ~ 5 朵雏菊。要求：花瓣细长不断裂，花蕊圆滑，整体造型美观。

• 议一议

雏菊的花蕊部分除了用 U 形刀刻出圆周还有什么方法雕刻造型？小组开展头脑风暴并做好记录。

项目 4：胡萝卜雕刻创意花

• 原料与工具

1. 原料：胡萝卜 1 根、韭菜花若干
2. 工具：平口刀、U 形刀、案板

- 知识窗 -

创意花是创作者根据创意制作出来的花，在自然界并不存在，是雕刻者将花的主要组成部分如花瓣、花蕊、花梗、花萼等，采用夸张、简化等手法加以表现，从而起到点缀菜肴盆饰的目的。本项目雕刻制作的创意花，重点表现了花的花瓣、花蕊和花梗。

• 制作工序

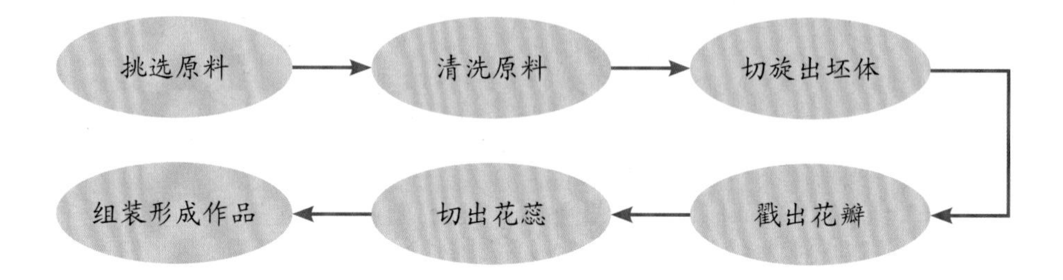

• 制作过程

1. 挑选原料

尽量选择表面光滑、形体圆直均匀、色泽鲜艳的胡萝卜进行雕刻。雕刻创意花选取的胡萝卜最细处直径不小于 20 毫米。选择没有开花的、新鲜的韭菜花作为制作花蕊的原料。

2. 清洗原料

用自来水冲洗干净，用淡盐水浸泡 10 分钟左右，擦干或晾干。

3. 切旋出坯体

①切除胡萝卜的头部或根茎处废料，形成圆形或近似圆形截面。截面要平而光滑，直径不小于 30 毫米。

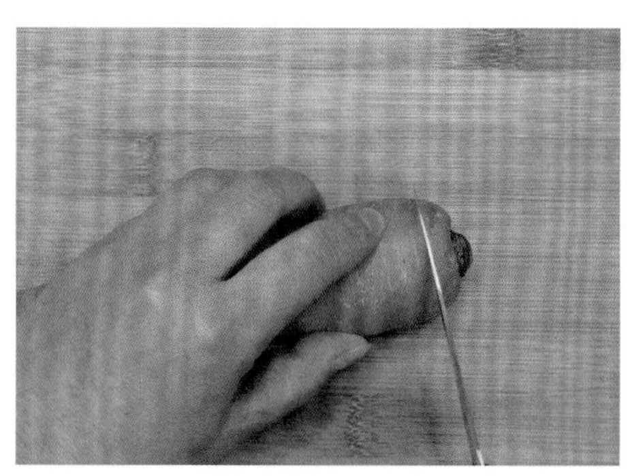 

②旋出截面中心处废料，形成圆锥体形状。如果不能一次旋出，可进行修整，直至成圆锥体形状。

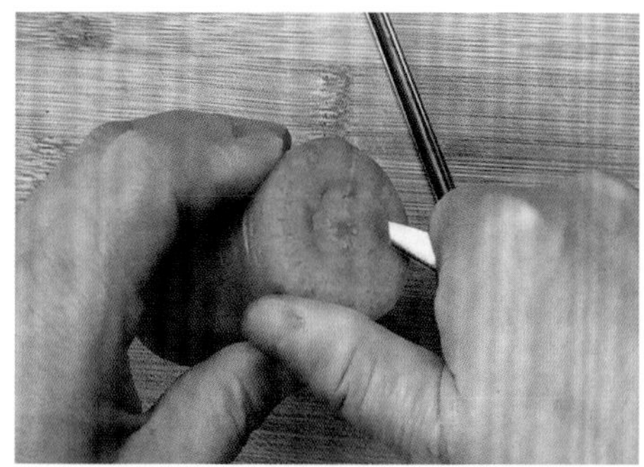 

※ 想一想 ※

为什么要在胡萝卜截面中心处旋出废料，形成圆锥体形状？戳花瓣时候选用的刀具对造型有什么影响？

4. 戳出花瓣

①用中号 U 形刀向前向下进刀，深度为 1 ～ 2 毫米，戳出花瓣。

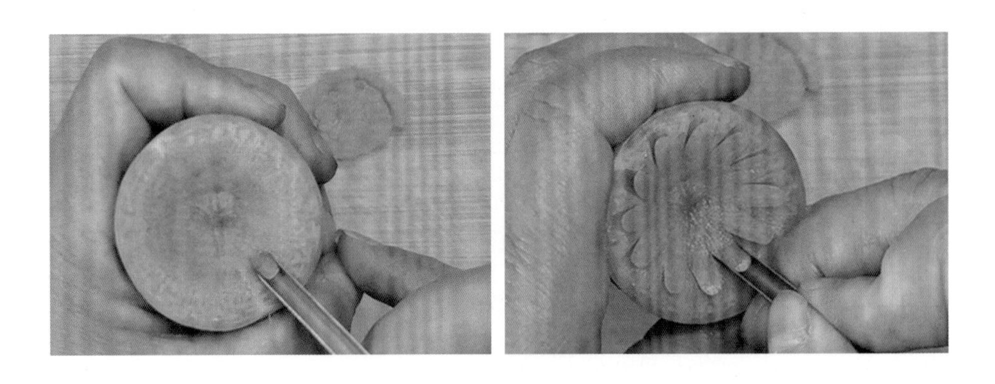

②将坯体切 3 ～ 4 毫米，使花瓣与原料脱离。在花瓣中心处用小号 U 形刀小的刀刃旋刻出一个小孔，预留花蕊安装位置。

5. 切出花蕊

切出 40 ～ 50 毫米长的韭菜花。将韭菜花头部切去一段，露出韭菜花花蕊。根据创意花的大小，留下适当长度的韭菜花作为花梗。

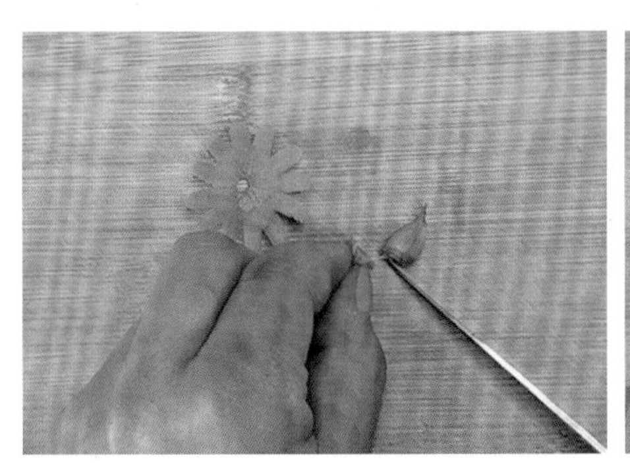
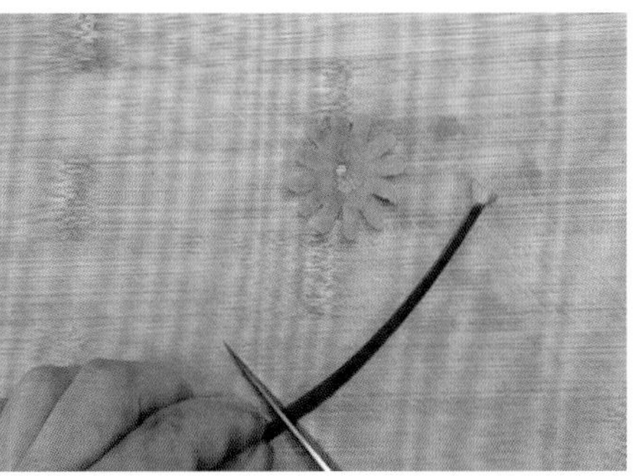

6. 组装形成作品

将切好的韭菜花插入预留的孔中，调整位置，形成作品。

• 制作小窍门 •

创意花雕刻时不仅可以用 U 形刀，还可以用 V 形刀，同样的原料，使用刀具不同，选择刀具的刀刃大小不同，造型会有所差异。创意花的花蕊可以采用不同原料，如葱、辣椒柄、蒜薹等。

做一做

设计并制作 3 ~ 5 朵创意小花。要求：能体现花的主要组成部分，如花瓣、花蕊、花梗；整体造型美观、有创意。

• **评一评** 对照评价标准评一评（用 ✓ 表示）

评价内容	评价标准	自我评价	同学互评
雕刻创意花	安全操作且节约原料		
	花瓣大小一致 且薄厚均匀		
	体现花的主要组成部分		
	整体造型美观、有创意		

项目 5：白菜雕刻菊花

• 原料与工具

1. 原料：白菜 1 棵

2. 工具：菜刀、V 形刀、案板

- 知识窗 -

菊花是菊科草本植物，是自然界常见的一种花卉，也是中国十大名花之一。菊花品种繁多，形态、颜色丰富多样，有着高风亮节、正直、高尚等花语，深受人们喜爱。菊花在我国的栽培历史已有 3000 多年，在一些诗词中经常有菊花的影子，与我国传统文化结下了不解之缘。

菊花的花瓣大多呈现舌状或筒状，食品雕刻时往往抓住这个关键特征，用 U 形刀或 V 形刀戳出花瓣，通过浸泡雕品达到花瓣造型弯曲的效果。

• 制作工序

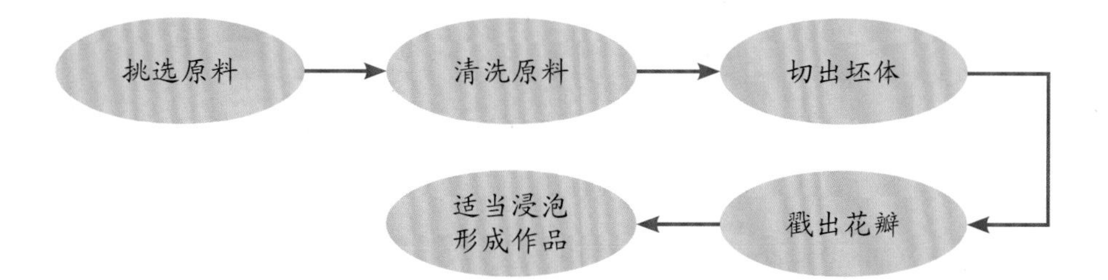

• 制作过程

1. 挑选原料

尽量选择体积较小，层次结构稀松、叶片不枯黄的白菜雕刻。

2. 清洗原料

用自来水冲洗干净并晾干。注意不要泡水，泡水后的白菜叶更加脆嫩，在雕刻时容易断裂。

3. 切出坯体

一般白菜较长较粗，可用菜刀或长的水果刀进行切割，形成长约 100 毫米的坯体。根据需求，可适当去除白菜叶片，避免叶片过多难以雕刻或使菊花造型过大。

4. 戳出花瓣

①用 V 形刀由浅入深地戳叶片，戳出长形花瓣。越接近肥厚叶片处，下刀越要深。

②每戳完一片叶片，就取出截断后的叶片废料。

③由外向内逐片完成戳花瓣。如果白菜叶片包裹较紧难以雕刻，可在雕刻 3 ～ 5 层后将坯体浸泡半小时左右，等叶片稍微绽开后再进行雕刻。还可以改变戳的位置，从叶片里面戳，改变花瓣弯曲方向，使花瓣更有立体感。

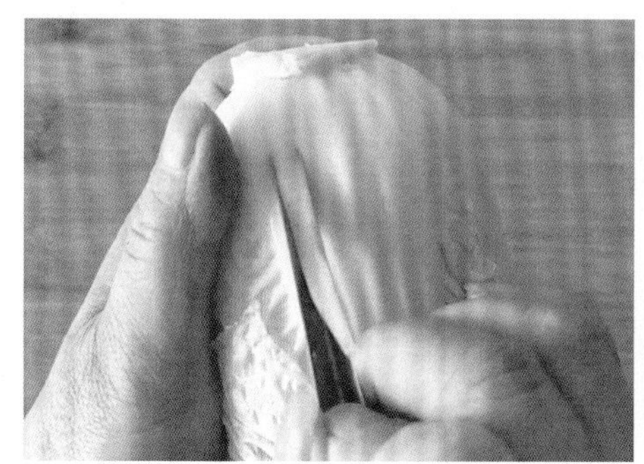
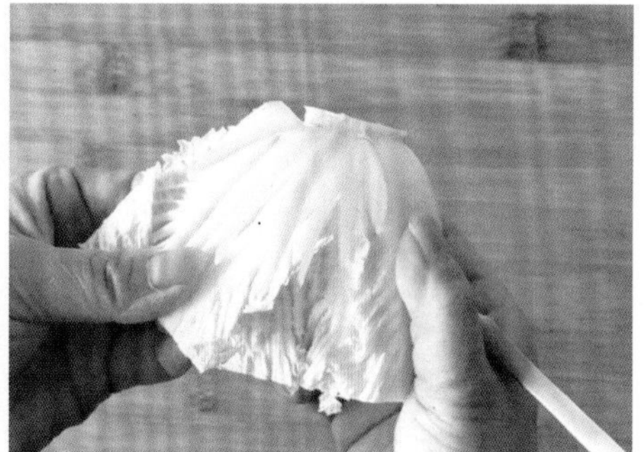

※ 想一想 ※

如果不对白菜进行修整，不切出坯体而直接雕刻，会产生什么样的效果？

5. 适当浸泡形成作品

完成的菊花坯体要放入水中浸泡 1 ～ 2 小时，使叶片吸收水分后产生向外弯曲或向内弯曲的效果，呈现花朵绽放形态。

• 制作小窍门

除了用白菜雕刻菊花，还可以用青菜雕刻菊花。挑选青菜的原则与白菜类似，都需要叶片包裹不太紧密，以便雕刻。除了用 V 形刀雕刻外，U 形刀也可以雕刻。同样的原料，使用刀具不同，选择刀具的刀刃大小不同，造型会有所差异。

无论白菜还是青菜雕刻菊花，在戳花瓣时，都需要刀具由浅入深戳到底，这样的雕品经过浸泡后才更加美观。

做一做

选用白菜，用 V 形刀雕刻 1 朵菊花。选用青菜，用 U 形刀雕刻 1 朵菊花。要求：花瓣细长不断裂、整体造型美观。

• 比一比

选用白菜，选用 V 形刀雕刻 1 朵菊花。选用青菜，选用 U 形刀雕刻 1 朵菊花。比较不同刀具、不同原料雕刻菊花所产生的不同效果，用文字或图表说明它们的造型特点。

项目 6：青菜雕刻创意花

• 原料与工具

1. 原料：青菜 1 棵

2. 工具：U 形刀、案板

知识窗

青菜是一种方便易得的蔬菜，对它的称呼存在地域差异。江浙沪一带把小白菜叫作青菜、小青菜、鸡毛菜，苗小、质地松软。东北地区称油菜、小青菜，为一年生草本，茎、叶用蔬菜，颜色深绿。青菜营养丰富，价格便宜，是人们喜爱的一种蔬菜。

• 制作工序

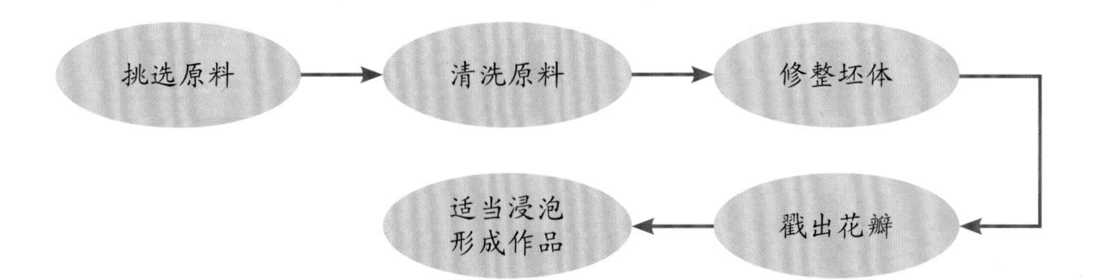

• 制作过程

1. 挑选原料

尽量选择体积适中、层次结构稀松、叶片较薄、新鲜的青菜进行雕刻。

2. 清洗原料

用自来水冲洗干净并晾干。注意不要泡水，泡水后的青菜叶更加脆嫩，在雕刻时容易断裂。

3. 修整坯体

用手剥去青菜的 1 ～ 2 层菜叶，切去青菜多余根部，形成坯体。如青菜叶片太长，可适当切除。

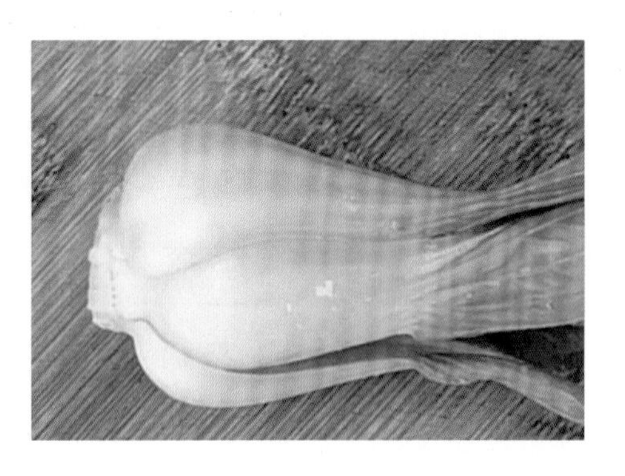

4. 戳出花瓣

根据叶片的大小选择合适的刀具，逐片戳出花瓣。一般选择大号 U 形刀小的一端刀刃或中号 U 形刀大的一端刀刃。在戳花瓣的过程中，要根据叶片的大小调整刀具。由于青菜较脆嫩，容易断裂，戳的时候要注意控制力度与角度。每戳好一片叶片，就要将废料去除，方便接下来的进刀。

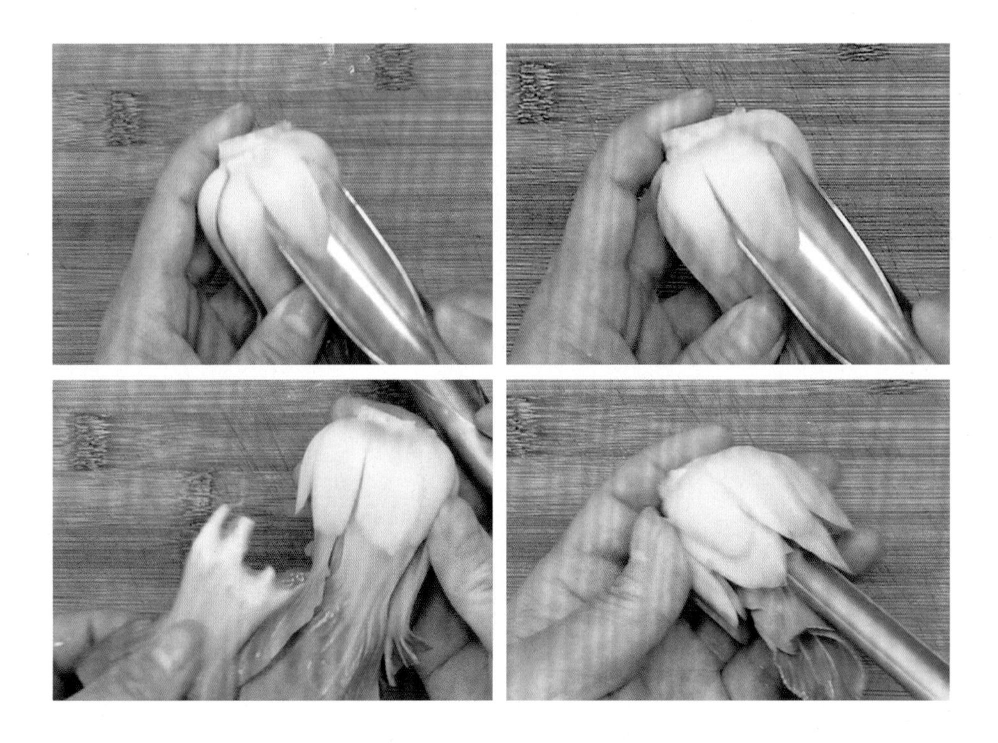

※ 想一想 ※

如果青菜叶片包裹较为紧密，刀具无法戳到底，还有什么方法可以雕刻花瓣？

5. 适当浸泡形成作品

同白菜雕刻菊花一样，青菜雕刻的作品也需要适当浸泡，使叶片充分吸收水分产生向外弯曲的效果，使花朵更加形象生动。

• 制作小窍门

用青菜雕刻创意花，充分利用了青菜叶片层层包裹的特点，使花瓣形成逐渐绽放的形态。雕刻时，刀具尽量戳到底。由于青菜较脆较嫩，如果戳到底，很容易戳伤其他花瓣，这时可用平口刀刻或划叶片根部，也能达到一样的效果。

青菜由于叶片较厚，因而在浸泡环节需要更长的时间，具体多少时间需要雕刻者根据实际情况确定。

除了用 U 形刀雕刻创意花，还可用平口刀直接切青菜形成花卉，还可以用平口刀旋、刻青菜形成花卉，突破固定思维，会有更多的创意作品。

… 做一做 …

雕刻 2 ~ 5 朵创意花。要求：选用刀具合适，花瓣不断裂，整体造型美观。

• **评一评** 对照评价标准评一评（用 √ 表示）

评价内容	评价标准	自我评价	同学互评
雕刻创意花	安全操作且节约原料		
	花瓣光滑无断裂		
	造型美观有创意		

项目 7：辣椒雕刻创意花

• 原料与工具

1. 原料：辣椒 3 ～ 5 个
2. 工具：平口刀、V 形刀、案板

知识窗

辣椒因果皮含有辣椒素而有辣味，能增进食欲，因而成为人们喜欢的一种食物。辣椒通常呈圆锥形或长圆形，未成熟时呈绿色，成熟后变成鲜红色、绿色或紫色，以红色最为常见。雕刻辣椒时，注意不要用手揉眼睛，防止辣椒素刺激眼睛造成不适。

• 制作工序

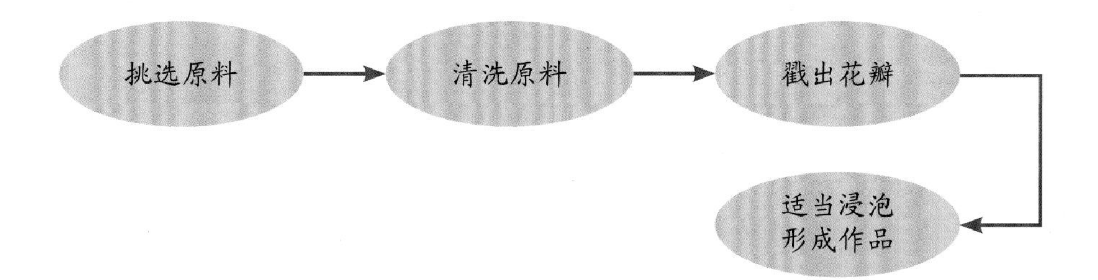

• 制作过程

1. 挑选原料

尽量选择 60 ～ 70 毫米长的，色泽鲜艳、新鲜、较硬的红辣椒进行雕刻。

2. 清洗原料

用自来水冲洗干净并晾干。

3. 戳出花瓣

①用小号 V 形刀戳出花瓣，直至花瓣与坯体脱离。由于辣椒体积较小，操作时左手要捏紧原料，右手执刀具戳时要注意安全，不要戳伤手指。

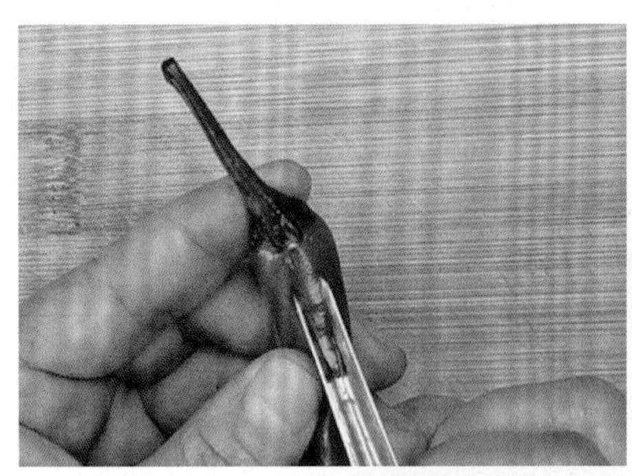
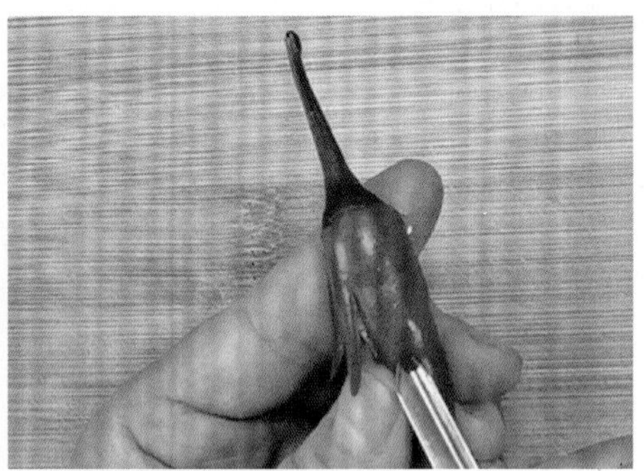
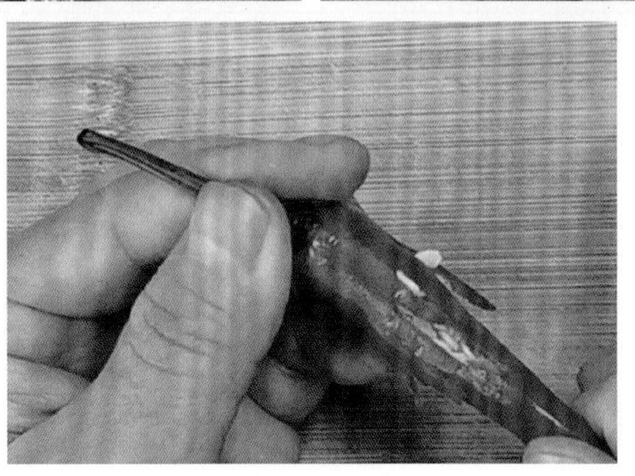

※ 想一想 ※

请观察示范者左手拿辣椒时辣椒的方向，为什么这样拿？倒过来拿可以吗？

②由于辣椒皮较软，有韧性，戳花瓣时很难戳到辣椒根部。这时可用平口刀刻到根部。

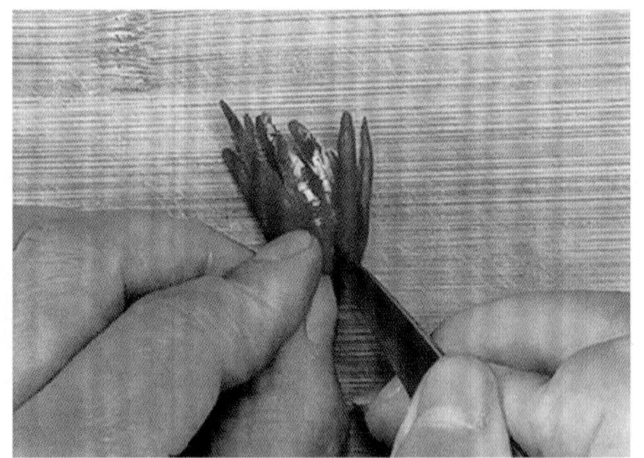

4. 适当浸泡形成作品

将雕刻好的作品浸泡到水中，浸泡约 30 分钟。

• 制作小窍门

选用辣椒雕刻创意花，原因是辣椒色泽鲜艳，绿色辣椒柄像花的花萼，辣椒籽像花蕊，能更形象地象征花卉。雕刻剩余的废料也可以充分利用，将它们头部切除，也可以做成花卉作品，或不切除头部，直接浸泡后成为作品。创意花没有局限，可发挥想象力进行创作。

··· 做一做 ···

用 1 ~ 3 个辣椒雕刻 2 ~ 6 朵创意花。要求：安全操作，花瓣大小一致，无断裂。

• 议一议

怎样做到花瓣大小一致？你是如何做的？小组交流制作方法并做好记录。

本章小结

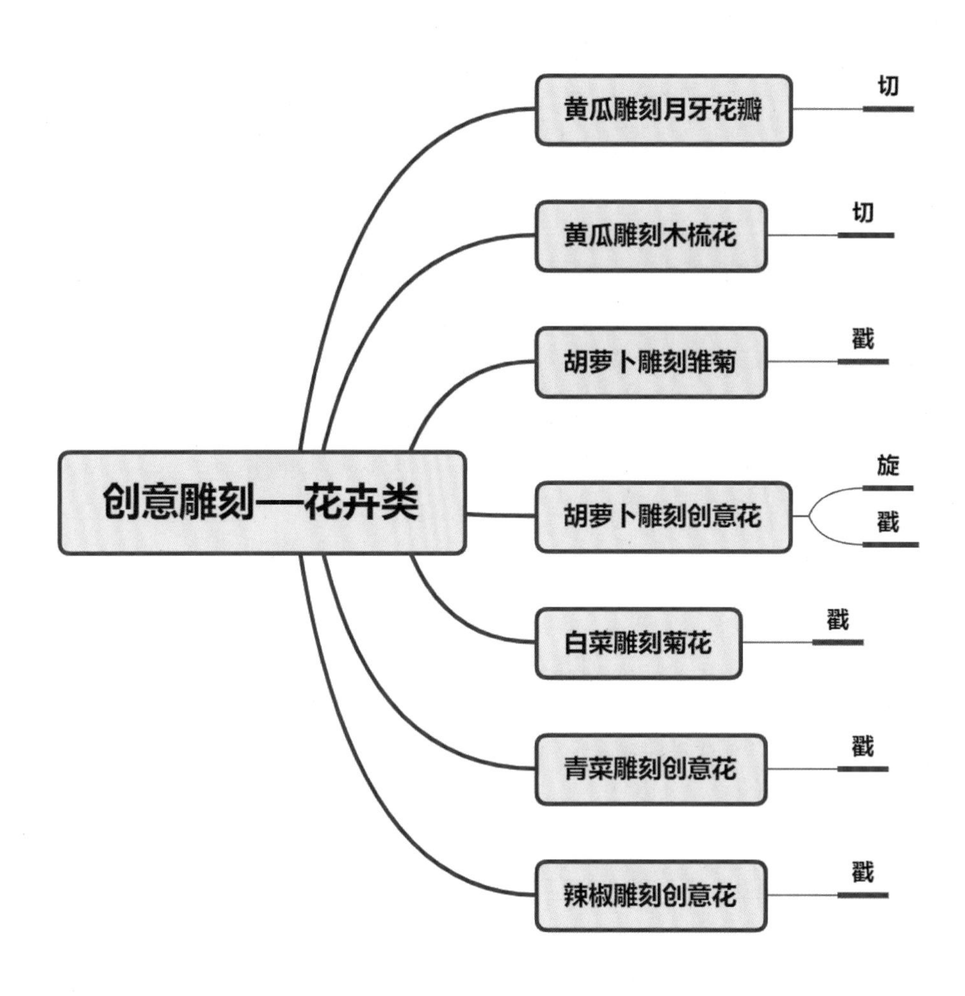
创意雕刻—花卉类
黄瓜雕刻月牙花瓣
切
黄瓜雕刻木梳花
切
胡萝卜雕刻雏菊
戳
胡萝卜雕刻创意花
旋
戳
白菜雕刻菊花
戳
青菜雕刻创意花
戳
辣椒雕刻创意花
戳

后 记

作为一名长期从事劳动技术（劳动）教育教学与研究的一线教师（教研员），看到自己多年来的研究成果汇编成册出版时，内心的感慨无以用言语表达。

在多年从事劳动技术（劳动）教学中发现，有的学生因觉得劳动苦、劳动累、劳动脏而不愿意劳动，对于雕刻的劳动成果往往不珍惜、不爱护、随意丢弃。为什么会这样？怎样改变？这些一直是我思考的问题。经过调查我们发现，绝大多数学生非常喜欢食品雕刻，但由于平时参与家务劳动机会少，接触刀具的机会更少，存在畏难情绪，再加上现行的劳动技术学科教材中的案例不容易学，学生往往“一雕就毁”，长期的挫败感让学生失去了学习的兴趣。于是我想到了重构单元，重新设计单元学习活动，引导学生利用方便易得的食材，从雕刻小动物、花卉开始，让学生先品尝成功的快乐，享受创意劳动的成果，让学生“爱上劳动”，然后再渐入佳境，逐渐“学会劳动”并能“享受劳动”。

本书也是我领衔的重点课题“指向核心素养的劳技单元活动设计与实践研究”研究成果之一。在课题研究基础上，2020 年 5 月至 6 月期间，由我执教的六年级劳动技术学科《食品雕刻》单元 6 课时教学在上海市教育电视台播放（空中课堂），简单易学、富有创意的雕刻作品不仅学生喜欢，家长也非常喜欢，学生与家长共同完成创意制作，在参与劳动的同时，享受着劳动带来的快乐与成就感。

2020 年 7 月，《爱上劳动 创意食品雕刻》课程被列为“上海市市级共享课程”，10 月至 11 月期间，我们招收了第一期学员，实践下来发现学员非常感兴趣，收到了良好的培训效果。一名学员写道：“我们用小番茄做成了可爱软萌的小兔子，用橙子做成了憨态可掬的小熊，用黄瓜做成了精致的小金鱼和小蜻蜓，还在深秋午后温暖的阳光中拍下了照片，虽然班上好多老师平日的工作都很繁重，但是这一刻我们都感受到了这份生活的小确幸。”还有一名学员写道：“学习食品雕刻让我认识到了食物能够同时给我们带来视觉和味觉的感受。它能化平凡为神奇，让普通的蔬菜和水果变成一种艺术，给人一种靓丽的视觉享受。在学习食品雕刻的过程中，既有完成作品的成就感，又能感受作品带来的美感，放松心情，让自己对生活更加热爱。”

我们所做的种种努力，只是想让更多的人认可一种观点，那就是劳动不是负担，而是生活必需，是一种享受，是一种可以实现自我价值的渠道，是调节心理的调味品，是五彩斑斓生活的一部分……让我们爱上劳动，学会劳动，享受劳动。

本书编写过程中得到了上海市“双名工程”劳动技术学科攻关基地主持人吴强老师和上海市劳动技术学科教研员管文川老师的指导与帮助，在此表示衷心的感谢！在课题研究及专著编写过程中，上海市松江区教育学院领导、松江区劳技专业发展共同体成员、上海市松江区中小学劳动技术教育中心李忠明，上海市宝山区教育学院陈兵，华东政法大学附属松江实验学校孙菁菁等老师给予了关心与无私帮助，在此一并感谢！由于编写时间仓促再加上作者水平有限，书中可能存在错误或不当之处，敬请广大读者批评指正。

许建华

2020 年 12 月 26 日于上海